Wolfgang Rheinheimer

Zur Grenzflächenanisotropie von SrTiO$_3$

Zur Grenzflächenanisotropie von SrTiO$_3$

Schriftenreihe
des Instituts für Angewandte Materialien
Band 25

Karlsruher Institut für Technologie (KIT)
Institut für Angewandte Materialien (IAM)

Eine Übersicht über alle bisher in dieser Schriftenreihe erschienenen Bände finden Sie am Ende des Buches.

Zur Grenzflächenanisotropie von SrTiO$_3$

von
Wolfgang Rheinheimer

Dissertation, Karlsruher Institut für Technologie (KIT)
Fakultät für Maschinenbau
Tag der mündlichen Prüfung: 18. April 2013

Impressum

Karlsruher Institut für Technologie (KIT)
KIT Scientific Publishing
Straße am Forum 2
D-76131 Karlsruhe
www.ksp.kit.edu

KIT – Universität des Landes Baden-Württemberg und
nationales Forschungszentrum in der Helmholtz-Gemeinschaft

KIT Scientific Publishing 2013
Print on Demand

ISSN 2192-9963
ISBN 978-3-7315-0027-8

Inhaltsverzeichnis

Danksagung

Die vorliegende Arbeit entstand im Rahmen meiner Tätigkeit als wissenschaftlicher Mitarbeiter des Teilinstituts Keramik im Maschinenbau des Instituts für Angewandte Materialien am Karlsruher Institut für Technologie (IAM-KM, KIT). Die Finanzierung wurde zum großen Teil von der Deutschen Forschungsgemeinschaft (DFG, Kontraktnummer BA 4143/2-2) unter der Projektbezeichnung „Einfluss von Grenzflächenanisotropie auf das Kornwachstum in perowskitischen Keramiken" übernommen. Das Projekt wurde von Dr. Michael Bäurer, Prof. Dr. Michael Hoffmann und Dr. Daniel Weygand initiiert und in Kooperation mit dem Teilinstitut Zuverlässigkeit von Bauteilen und Systemen (IAM-ZBS, KIT) durchgeführt.

Besonders danken möchte ich Prof. Dr. Michael Hoffmann und Dr. Michael Bäurer, welche die Durchführung dieser Arbeit ermöglichten und mir stets umfassende Unterstützung in allen Fragestellungen leisteten. Für die Übernahme des Korreferats möchte ich Prof. Dr. Peter Gumbsch danken.

Für sehr förderliche Diskussionen sowie die stets hervorragende Zusammenarbeit danke ich Melanie Syha und Dr. Daniel Weygand (IAM-ZBS, KIT).

Einige Versuche dieser Studie konnten nur mit Hilfe anderer Institute durchgeführt werden. So wurde ein Teil der Elektronenmikroskopie am Laboratorium für Elektronenmikroskopie (LEM, KIT) durchgeführt. In diesem Zusammenhang danke ich Peter Pfundstein, Volker Zibat, Dr. Heike Störmer, Nadejda Firman und Prof. Dr. Dagmar Gerthsen für die umfassende Unterstützung. Markus Moosmann und Prof. Dr. Thomas Schimmel (APH, KIT) danke ich für den Zugang zu einem Rasterkraftmikroskop. Einige EBSD-Messungen wurden am Teilinstitut Werkstoff- und Biomechanik (IAM-WBM, KIT) durchgeführt, wofür ich Dr. Reiner Mönig danken möchte.

Weiterer Dank gebührt meinen studentischen Mitarbeitern, welche die vorliegende Studie mit ihrer Tätigkeit als Hilfswissenschaftler oder durch das Anfertigen einer Abschlussarbeit unterstützt haben. Namentlich sind das Lisa Schweiger, Miriam Müller, Josiane Bandolo, Kevin Klawitter, Christian Zimmermann und Jonas Listl.

Meinen Kollegen des IAM-KM danke ich für die angenehme Arbeitsatmosphäre, die stete Hilfsbereitschaft und für zahlreiche sehr fruchtbare Diskussionen.

Schließlich möchte ich mich bei meiner Frau Nadine für den uneingeschränkten Rückhalt und das akribische Korrekturlesen dieses Manuskripts bedanken.

Zur Grenzflächenanisotropie von $SrTiO_3$

zur Erlangung des akademischen Grades
eines

Doktors der Ingenieurwissenschaften

von der Fakultät für Maschinenbau
des

Karlsruher Instituts für Technologie

genehmigte Dissertation
von

Dipl. Wi.-Ing. Wolfgang Rheinheimer

Institut für Angewandte Materialien
- Keramik im Maschinenbau -

Hauptreferent: Prof. Dr. rer. nat. M. J. Hoffmann
Korreferent: Prof: Dr. rer. nat. P. Gumbsch
Tag der mündlichen Prüfung: 18.04.2013

KIT – Universität des Landes Baden-Württemberg und
nationales Forschungszentrum in der Helmholtz-Gemeinschaft

1. Einleitung

Mit Keramik wird die Gruppe der nichtmetallischen, anorganischen Werkstoffe mit kristallinem Aufbau bezeichnet. Sie wird üblicherweise in die zwei Bereiche der Strukturkeramik und der Funktionskeramik aufgeteilt. In beide Bereiche fallen viele technologisch wertvolle Werkstoffe mit herausragenden Eigenschaften, im Fall der Strukturkeramik können dies Hochtemperaturfestigkeit, extreme Härte oder hohe Druckfestigkeit verbunden mit geringem spezifischem Gewicht sein. Die Gruppe der Funktionskeramiken enthält hingegen Materialien, welche sich beispielsweise durch besondere elektrische, magnetische oder optische Eigenschaften auszeichnen.

Ein großer Teil der Funktionskeramiken weist die Gitterstruktur des Perowskits $CaTiO_3$ auf und besitzt damit die Summenformel ABO_3. A und B sind zwei Anionen mit einer gemeinsamen Wertigkeit von 6. Die Perowskite zeichnen sich durch vielfältige elektrische und ferroelektrische Eigenschaften aus und werden dementsprechend in sehr großen Stückzahlen in unterschiedlichen technologischen Bereichen angewendet. So wurden vor ungefähr fünfzig Jahren Kondensatoren auf Basis von Bariumtitanat verwendet, welche durch die Koexistenz von elektrisch leitfähigen Körnern mit sehr dünnen, isolierenden Korngrenzschichten („Sperrschichtkondensator") eine besonders große Kapazität aufwiesen. Auch heutzutage wird Bariumtitanat in sehr großen Stückzahlen in Kondensatoren eingesetzt, wegen der stabileren Eigenschaften allerdings nicht mehr als Sperrschichtkondensator, sondern als Vielschichtkondensator ohne Ausnutzung von Korngrenzeffekten. Weitere aktuell wichtige Anwendungen sind unter anderem Sauerstoffleiter in Brennstoffzellen (insbesondere Barium-Strontium-Cobaltferrit, BSCF), piezoelektrische Aktoren (beispielsweise Blei-Zirkonat-Titanat, PZT) und Kaltleiter (Positiver Temperaturkoeffizient, PTC).

In den meisten Fällen werden die Bauteile als Polykristalle über pulvertechnologische Verfahren einschließlich Sintern hergestellt. Dabei haben die Mikrostruktur beziehungsweise die Korngrenzen einen sehr ausgeprägten Einfluss auf die makroskopischen Eigenschaften des Bauteils. So beruht der PTC-Effekt auf dem Zusammenspiel der geladenen Korngrenzen mit einem Phasenübergang des Vollmaterials. Einige der angeführten Anwendungen basieren sogar ausschließlich auf den Eigenschaften der Korngrenzen. Dies ist zum Beispiel bei den Sperrschichtkondensatoren der Fall. Den Korngrenzen sowie deren Entstehungsgeschichte kommt also wegen der engen Verknüpfung mit den Materialeigenschaften eine besondere Bedeutung zu. Es besteht großes Interesse daran, die Grenzflächen sowie die Mikrostruktur auf eine spezifische Anwendung anzupassen und dadurch die makroskopischen Eigenschaften eines Bauteils zu optimieren.

Das Kornwachstum kann gemeinsam mit dem Sintern als Entstehungsprozess der Korngrenzen verstanden werden. In diesen Prozessen können viele Faktoren das Verhalten der Korngrenzen maßgeblich beeinflussen. So kann beispielsweise der atomare Aufbau oder eine Benetzung mit einer Zweitphase stark mit der Temperatur oder der Atmosphäre variieren. Unabhängig von diesem strukturellen Zustand kann die Bewegung der Korngrenzen während des Kornwachstums mit zwei Parametern beschrieben werden, der Korngrenzenergie und der Korngrenzmobilität. Durch den kristallinen Aufbau der Keramiken sind diese beiden Eigenschaften anisotrop.

Zur Prognose der Eigenschaften eines Polykristalls ist eine Vorhersage dessen Mikrostrukturentwicklung als Brückenschlag zwischen den mikroskopischen Eigenschaften der Korngrenzen und dem makroskopischen Materialverhalten wünschenswert. Zu diesem Zweck wurden unterschiedliche Simulationsmodelle entwickelt. Alle diese Modelle benötigen jedoch experimentelle Daten für die Korngrenzenergie und Korngrenzmobilität sowie eine Vergleichsmöglichkeit zur Validierung. Bisher sind allerdings nur wenig entsprechende Datensätze ermittelt worden.

In diesen Kontext fügt sich das Thema der vorliegenden Arbeit ein. Für ein Modellsystem der Perowskite sollte ein umfassender Datensatz der Korngrenzenergie und der -mobilität erstellt werden. Die Trennung dieser beiden Parameter wird dabei durch zwei besondere Modellexperimente erreicht. Die Kenntnis dieser Daten tragen zu einem tieferen Verständnis der Kornwachstumseffekte in anisotropen Systemen bei.

Als Modellsystem wird Strontiumtitanat ($SrTiO_3$) betrachtet, da dieses im relevanten Temperaturbereich keine Phasenübergänge vollzieht. Zusätzlich sind die Defektchemie sowie die Charakteristik der Raumladungszonen an den Korngrenzen für dieses Material relativ gut untersucht.

Am Teilinstitut Keramik im Maschinenbau des Instituts für Angewandte Materialien (IAM-KM, KIT) wurden im Rahmen eines EU-Projekts (Interfacial Materials - Computational and Experimental Multi-Scale Studies, INCEMS) bereits umfangreiche Studien zum Kornwachstum in Strontiumtitanat durchgeführt, wobei unter anderem eine Kornwachstumsanomalie mit einem Rückgang des Kornwachstums bei steigender Temperatur entdeckt wurde. Diese Ergebnisse werden durch die vorliegende Arbeit um die Betrachtung der Anisotropie der Korngrenzeigenschaften erweitert.

2. Kenntnisstand

2.1 Kornwachstumsmodelle

Das Kornwachstum beschreibt die Vergröberung des Gefüges eines Polykristalls mit der Zeit. Voraussetzung für das Auftreten von Kornwachstum ist eine ausreichend hohe Temperatur, um den Ablauf von Diffusionsprozessen im Material zu ermöglichen. Die Vergröberung des Gefüges wird durch den Größenzuwachs einiger Kristallite beziehungsweise Körner auf Kosten anderer hervorgerufen. Dieser Vorgang führt zu einer Minimierung der im Volumen enthaltenen Grenzfläche und damit auch der Gesamtenergie des Systems. Da das Gefüge meist die makroskopischen Eigenschaften des Materials maßgeblich beeinflusst, besteht ein besonderes Interesse am Verständnis der Entwicklung der Korngrenzen. Diesen Zweck verfolgen viele unterschiedliche Modelle, von denen im Folgenden die wichtigsten vorgestellt werden. In allen Fällen wird das Kornwachstum bei einer konstanten Temperatur betrachtet, wobei die Entwicklung der mittleren Korngröße mit der Zeit im Fokus steht.

2.1.1 Ostwald-Reifung

Die Ostwald-Reifung ist eine modellhafte Beschreibung des Heranwachsens von in einer Flüssigkeit dispergierten Partikeln. Da wenige große Partikel eine geringere Oberfläche aufweisen als viele kleine, entsteht durch diesen Vorgang eine Minimierung der Oberflächen. Das Modell ist nach Wilhelm Ostwald benannt [1], eine umfassende mathematische Beschreibung nahmen die Autoren Wagner [2], Lifshitz und Slyozov [3] vor.

Die Modellierung des Systems aus Flüssigkeit und dispergierten Partikeln verlangt eine Reihe von Annahmen. Die Partikel müssen beispielsweise sphärisch und in ausreichend großem Abstand dispergiert sein, so dass kein gegenseitiger Einfluss der Diffusionsbereiche vorliegt. Weiterhin ist ein unendlich großes System mit einer kontinuierlichen Größenverteilung der Partikel nötig. Zusätzlich besteht die Voraussetzung der Massenkonstanz und Volumenkonstanz der Gesamtpopulation an Partikeln während des Wachstums. Die Eigenschaften von Partikeln und Flüssigkeit werden als isotrop angenommen. Schließlich wird die Wachstumsrate der Partikel mit dem atomaren Fluss an der Partikeloberfläche gleichgesetzt [4].

Die Grundlage für das Wachstum der Partikel ist der Gibbs-Thomson-Effekt, nach dem der Dampfdruck eines gekrümmten Partikels größer ist als der einer ebenen Oberfläche. Als Folge dieses Dampfdrucks bildet sich um die

Partikel eine Schicht mit erhöhter Konzentration an gelösten Atomen. Die Konzentrationserhöhung entspricht verglichen mit der Konzentration über einer ebenen Oberfläche

$$\frac{\Delta C}{C_0} = \frac{2\gamma\Omega}{k_B T R}$$

2.1

mit der Konzentrationserhöhung ΔC an der Partikeloberfläche, der Konzentration an gelösten Atomen in einer Flüssigkeit über einer ebenen Oberfläche C_o, der Grenzflächenenergie γ, dem atomaren Volumen Ω, der Boltzmann-Konstante k_B, der Temperatur T und dem Partikelradius R [4]. Kleine Partikel weisen demnach eine relativ hohe Konzentration und große Partikel eine niedrigere Konzentration um sich herum auf. Wenn nun die Konzentration gelöster Atome in der Flüssigkeit zwischen diesen beiden Werten liegt, erzeugt das große Partikel ein Konzentrationsgefälle zur Flüssigkeit um sich herum und wächst folglich, während das kleine Partikel einen Konzentrationsanstieg erzeugen muss und daher schrumpft.

Dieses Modell kann auf zwei unterschiedliche Arten betrachtet werden. Im ersten Fall ist die Wachstumsgeschwindigkeit eines Partikels durch die Grenzflächenreaktion des Anbaus der Atome an die Partikel bedingt, im zweiten Fall durch die Diffusionsgeschwindigkeit der gelösten Atome in der Flüssigkeit. Beide Fälle wurden von C. Wagner [2] beschrieben und werden im Folgenden kurz umrissen.

2.1.1.1 Grenzflächenkontrollierte Ostwald-Reifung

In diesem Ansatz ist die Wachstumsgeschwindigkeit der Körner dR/dt proportional zu der Konzentrationsdifferenz zwischen der Flüssigkeit und der Partikeloberfläche:

$$\frac{dR}{dt} = \alpha_T \Omega (\bar{C} - C_R)$$

2.2

mit der mittleren Konzentration an gelösten Atomen in der Flüssigkeit $\bar{C}$ und der Konzentration C_R an der Partikeloberfläche. Die Transportkonstante α_T berücksichtigt die Anbaugeschwindigkeit der Atome an die Partikel und steht damit für den kontrollierenden Einfluss der Grenzfläche. Unter der Annahme konstanten Gesamtvolumens aller Partikel und Verwendung von Gleichung 2.1 erhält man

$$\frac{dR}{dt} = \frac{2\alpha_T\gamma\Omega^2 C_0}{k_B T}\left(\frac{1}{\overline{R}} - \frac{1}{R}\right) \qquad\qquad \textbf{2.3}$$

Dabei ist $\overline{R}$ der kritische Radius des Partikels, das bei der mittleren Konzentration $\overline{C}$ weder wächst noch schrumpft. Eine Integration dieser Gleichung liefert

$$\overline{R}^2 - \overline{R}_0^2 = \frac{\alpha_T\gamma\Omega^2 C_0}{k_B T}t \qquad\qquad \textbf{2.4}$$

mit dem kritischen Radius $\overline{R}_0$ zum Zeitpunkt 0. Nach Hillert [5] ist der kritische Radius proportional zum mittleren Radius aller Partikel. Folglich resultiert unter der Annahme einer grenzflächenkontrollierten Ostwald-Reifung ein parabolisches Wachstum der mittleren Partikelgröße mit der Zeit.

Aus Gleichung 2.3 kann gefolgert werden, dass die Partikelgrößenverteilung eine bestimmte Form annimmt, welche bis auf die mittlere Partikelgröße konstant bleibt. Man spricht in diesem Zusammenhang von selbstähnlichem Wachstum. Diese Partikelgrößenverteilung kann analytisch berechnet werden [2], sie ist in Abbildung 2.1 im Vergleich zum diffusionskontrollierten Ansatz (vgl. Abschnitt 2.1.1.2) dargestellt.

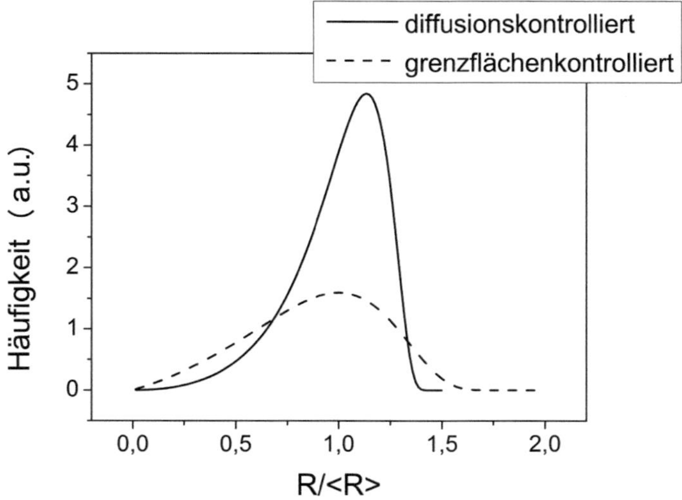

Abbildung 2.1: Partikelgrößenverteilung normiert auf den mittleren Partikelradius für diffusionskontrollierte und grenzflächenkontrollierte Ostwald-Reifung.

2.1.1.2 Diffusionskontrollierte Ostwald-Reifung

Bei einem diffusionskontrollierten Wachstum der Partikel entspricht die Radiusänderung dem Fluss der gelösten Atome an der Partikeloberfläche und ist

$$\frac{dR}{dt} = -D\Omega \frac{dC}{dR} \qquad\qquad \textbf{2.5}$$

mit dem Diffusionskoeffizienten D. Wenn sich die Diffusionsfelder der einzelnen Partikel nicht überlagern, kann die Gleichung vereinfacht werden. Die weitere Lösung erfolgt dann analog zu Abschnitt 2.1.1.1:

$$\frac{dR}{dt} = \frac{D\Omega}{R}(\bar{C} - C_R) = \frac{2D\gamma\Omega^2 C_0}{k_B TR}\left(\frac{1}{\bar{R}} - \frac{1}{R}\right) \qquad\qquad \textbf{2.6}$$

Die Integration dieser Gleichung liefert:

$$\bar{R}^3 - \bar{R}_0^3 = \frac{8D\gamma\Omega^2 C_0}{9k_B T}t \qquad\qquad \textbf{2.7}$$

Im Gegensatz zur grenzflächenkontrollierten Ostwald-Reifung liegt also unter Annahme des diffusionskontrollierten Modells ein kubisches Wachstum der mittleren Partikelgröße vor. Diese Kinetik wird häufig für das Kornwachstum in Flüssigphase angenommen [6].

Auch in diesem Fall ergibt sich ein selbstähnliches Wachstum mit konstanter Partikelgrößenverteilung [2], wie in Abbildung 2.1 dargestellt. Die Verteilung ist bei diffusionskontrolliertem Wachstum deutlich schmaler als bei grenzflächenkontrolliertem Wachstum.

2.1.2 Das Modell von Hillert

Das Heranwachsen von dispersen Partikeln in einer Flüssigkeit weist einige Parallelen zum Kornwachstum in dichten Festkörpern auf. Das Wachstum der Körner entspricht dem der Partikel, wobei im Fall des Kornwachstums die Diffusionsfelder der einzelnen Partikel voneinander abhängig sind.

Ein solches sogenanntes Mean-Field-Modell wurde von Hillert [5] erstellt und von mehreren Autoren weiterentwickelt [7, 8]. Das Modell entspricht insgesamt einer grenzflächenkontrollierten Ostwald-Reifung. Es betrachtet das Wachstum eines speziellen Korns mit der Korngrenzenergie γ und dem Radius R relativ zu einer polykristallinen Matrix mit der Korngrenzenergie $\bar{\gamma}$ und dem Radius $\bar{R}$. Die Triebkraft P für dieses Wachstum setzt sich aus zwei Teilen zusammen.

Das Korn selbst besitzt nach der Young-Laplace-Gleichung durch seine Krümmung $1/R$ den Dampfdruck

$$P_1 = -\frac{2\varepsilon\gamma}{R} \qquad\qquad \textbf{2.8}$$

mit einer geometrischen Konstante ε, welche der Abweichung der Körner von der Kugelform entspricht. Diese Kraft wirkt bei allen Körnern in Richtung einer Verkleinerung der Korngröße. Der zweite Teil der Triebkraft entspricht der Energie der Fläche der Korngrenzen, welche das Wachstum des Kornes freisetzt beziehungsweise bindet. Diese berechnet sich aus dem Quotienten aus der Oberfläche eines durchschnittlichen Korns mit dessen Volumen. Dabei muss berücksichtigt werden, dass diese Oberfläche zu zwei Körnern gehört [8, 9]:

$$P_2 = \frac{1}{2} \cdot \frac{\beta\bar{\gamma} \cdot 4\pi\bar{R}^2}{\frac{4}{3}\pi\bar{R}^3} = \frac{3\beta\bar{\gamma}}{2\bar{R}} \qquad\qquad \textbf{2.9}$$

mit einer geometrischen Konstante β. Diese Kraft ist für wachsende Körner positiv, denn das Wachstum eines Korns erzeugt zusätzliche Oberfläche. Die Triebkraft P für das Wachstum eines Korns kann nun aus den Gleichungen 2.8 und 2.9 zusammengesetzt werden:

$$P = \frac{3\beta\bar{\gamma}}{2\bar{R}} - \frac{2\varepsilon\gamma}{R} \qquad\qquad \textbf{2.10}$$

Wenn der Radius des betrachteten Korns dem mittleren Kornradius entspricht, muss die Triebkraft gleich 0 sein. Unter der Annahme von $\gamma = \bar{\gamma}$ folgt $\alpha = 0{,}75\beta$. Die Änderung des Radius des betrachteten Korns ergibt sich als Produkt der Triebkraft sowie der Mobilität m der Korngrenzen zu:

$$\frac{dR}{dt} = mP = 2\varepsilon m\gamma \left(\frac{1}{\bar{R}} - \frac{1}{R}\right) \qquad\qquad \textbf{2.11}$$

Der Parameter 2ε nimmt für einen Polykristall nach der Literatur Werte von 1 [5, 7], 5/4 [10] oder 3/2 an [8, 10]. Gleichung 2.11 ähnelt der Gleichung 2.3 für die grenzflächenkontrollierte Ostwald-Reifung. Eine analytische Lösung dieser Gleichung liefert [5]:

$$\frac{d^2R}{dt^2} = \frac{1}{2}\varepsilon m\gamma \qquad\qquad \textbf{2.12}$$

Analog zur grenzflächenkontrollierten Ostwald-Reifung liegt also ein quadratischer Zusammenhang der mittleren Korngröße mit der Zeit vor. Auch dieses Modell führt zu einer konstanten, selbstähnlichen Korngrößenverteilung, welche von Hillert berechnet wurde [5] und der Korngrößenverteilung für grenzflächenkontrolliertes Wachstum in Abbildung 2.1 entspricht.

2.1.3 Abnormales Kornwachstum im Modell von Hillert

Kennzeichnend für das normale Kornwachstum ist die Ausbildung einer selbstähnlichen Korngrößenverteilung, welche zu jedem Zeitpunkt die gleiche Form, jedoch einen unterschiedlichen Mittelwert aufweist. Im Gegensatz dazu steht das abnormale Kornwachstum, in dem einige wenige Körner wesentlich schneller wachsen und daher sehr viel größer werden als die übrigen. Die Folge ist eine bimodale Korngrößenverteilung [4].

Die Gleichungen des vorherigen Abschnitts beschreiben das normale Kornwachstum in Polykristallen. Allerdings lässt Gleichung 2.10 die Ableitung von Bedingungen zu, unter denen das Wachstum instabil wird und abnormales Kornwachstum auftritt. Diese sind in Abbildung 2.2 grafisch dargestellt, die theoretische Herleitung kann der Literatur entnommen werden [7, 8]. In dem Diagramm ist das Radienverhältnis R_A/R des betrachteten Korns zur mittleren Korngröße des Gesamtsystems über die relative Korngrenzmobilität m_A/m dieses Korns dargestellt. Für eine relative Korngrenzenergie $\Gamma = \gamma_A/\gamma$ dieses Korns kann eine nasenförmige Kurve berechnet werden. Rechts innerhalb dieser Kurve tritt abnormales Kornwachstum auf.

Die Form der Kurven lässt erkennen, dass eine obere Grenze für das Radienverhältnis der abnormalen Körner existiert (oberer Zweig der Kurven). So kann ein Korn, welches in Punkt A abnormal zu wachsen beginnt, nur bis zum Radienverhältnis in Punkt B wachsen. Danach erfolgt ein Übergang zum normalen Kornwachstum, wobei das Größenverhältnis zwischen dem ehemals abnormal gewachsenen Korn und der mittleren Korngröße der Matrix konstant in Punkt B bleibt.

In mehreren Kornwachstumssimulationen konnte diese Betrachtung nachgestellt werden [11-13], wobei zur Auslösung abnormalen Kornwachstums verglichen mit der theoretischen Vorhersage eine etwas höhere relative Mobilität beziehungsweise Energie nötig war [11, 12].

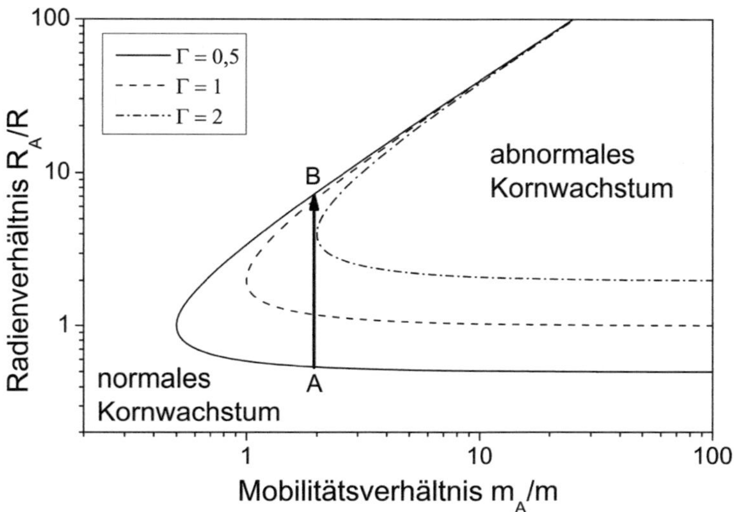

Abbildung 2.2: Bedingungen für das Auftreten abnormalen Kornwachstums abhängig vom relativen Radius R_A/R, der relativen Mobilität m_A/m und der relativen Korngrenzenergie $\Gamma = \gamma_A/\gamma$ des betrachteten Korns nach [8].

2.1.4 Das Modell von Burke und Turnbull

Das Modell von Burke und Turnbull beschreibt die Zunahme der mittleren Korngröße einer Mikrostruktur bei isothermer Wärmebehandlung [14]. Auch dieses Modell ist ein Mean-Field-Ansatz, der allerdings im Gegensatz zur Ostwald-Reifung und dem Modell von Hillert nicht die Betrachtung eines individuellen Korns ermöglicht. Das Verhalten der Korngrenzen wird unter der Triebkraft resultierend aus deren Krümmung betrachtet. Die Druckdifferenz P über eine Korngrenze beträgt analog zu Gleichung 2.8

$$P = \gamma \left(\frac{1}{\rho_1} + \frac{1}{\rho_2} \right) = \frac{2\gamma}{\rho} \qquad \textbf{2.13}$$

mit den Krümmungsradien ρ_1 und ρ_2 der betrachteten Korngrenze, welche vereinfachend als $\rho_1 = \rho_2 = \rho$ angenommen werden. Dieser Ansatz geht von kugelförmigen Körnern mit einer entsprechenden Krümmung der Korngrenzen aus. Die Form der Körner weicht in realen Mikrostrukturen allerdings deutlich von der Kugelform ab [5, 15, 16]. In der Literatur wird diesem Effekt durch das Einbringen einer geometrischen Konstante α' Rechnung getragen [4, 9, 15, 16]:

$$P = \frac{2\gamma}{\rho} = \frac{2\alpha'\gamma}{R} \qquad\qquad \textbf{2.14}$$

Dabei ist P die Druckdifferenz beziehungsweise Triebkraft für eine Größenänderung und R der mittlere Kornradius. Der geometrischen Konstante α' kommt im Rahmen der vorliegenden Arbeit eine besondere Bedeutung zu. Für die Auswertung eines Experiments wird das Modell von Burke und Turnbull mit dem Modell von Hillert kombiniert. Um dabei die Skalierung zu erhalten, muss die geometrische Konstante ungefähr den Wert 1 annehmen. Aufgrund der Überschätzung der Krümmung ist sie jedoch kleiner als 1. Gleichung 2.14 muss also korrigiert werden. Die tatsächlichen Krümmungsradien der Körner sind um Faktor 6 [5, 15] oder 5 bis 10 [16] kleiner als der einer Kugel. Demzufolge kann eine Korrektur um den Faktor 1/8 vorgenommen werden, um eine geometrische Konstante $\alpha \approx 1$ zu erhalten:

$$P = \frac{2\alpha'\gamma}{R} = \frac{1}{8} \cdot \frac{2\alpha\gamma}{R} = \frac{\alpha\gamma}{4R} \qquad\qquad \textbf{2.15}$$

Aus Gleichung 2.15 ergibt sich die Geschwindigkeit einer Korngrenze v_{kg}:

$$v_{kg} = \frac{dR}{dt} = mP = \frac{\alpha m\gamma}{4R} \qquad\qquad \textbf{2.16}$$

mit der Mobilität der Korngrenze m. Eine Integration dieser Gleichung liefert die Kornwachstumsgleichung von Burke und Turnbull:

$$R^2 - R_0^2 = \frac{1}{2}\alpha m\gamma \cdot t = \frac{1}{4}k \cdot t \qquad\qquad \textbf{2.17}$$

In der Literatur wird diese Gleichung meist unter Verwendung des Korndurchmessers hergeleitet, wobei der Parameter $k = 2\alpha m\gamma$ als Wachstumskonstante bezeichnet wird. Auch in diesem Fall ist das Kornwachstum parabolisch, das Ergebnis entspricht also dem des Modells von Hillert (vgl. Abschnitt 2.1.2).

2.2 Oberflächenenergie und Korngrenzenergie

Die Energie der Korngrenzen erzeugt die Triebkraft für das Kornwachstum, weshalb sie in allen Kornwachstumsmodellen in Abschnitt 2.1 enthalten ist. Dabei wurde die Korngrenzenergie als isotrop angenommen. Bei kristallinen Materialien bedingt die Gitterstruktur allerdings eine mehr oder weniger ausgeprägte Anisotropie, so dass nicht alle Korngrenzen eines Polykristalls gleiche Eigenschaften aufweisen und das Kornwachstum deutlich beeinflusst wird. Um das entstehende Kornwachstumsverhalten beispielsweise in einer Simulation korrekt abzubilden, ist die Kenntnis der orientierungsabhängigen Korngrenzenergie notwendig. Dieser Abschnitt stellt die experimentellen Verfahren vor, welche die Ermittlung der Energie von freien Oberflächen oder von Korngrenzen ermöglichen.

2.2.1 Die Wulff-Konstruktion

Die Wulff-Konstruktion, benannt nach G. V. Wulff [17], ist ein mathematisches Theorem zur Berechnung der Gleichgewichtsform eines Kristalls aus dessen orientierungsabhängiger Oberflächenenergie. Die Umkehrung der Konstruktion ermöglicht Rückschlüsse auf die Oberflächenenergie aus einer beobachteten Gleichgewichtsform. Das Theorem wurde 1951 von C. Herring bewiesen [18], eine mathematisch umfassende Behandlung findet sich beispielsweise bei R. Cerf [19].

Grundlegend ist die Minimierung der Oberflächenenergie. Für ein isotropes Material ist diese für eine Kugel gegeben. Für ein anisotropes Material ist die Minimierung der Oberflächenenergie mit der Bildung komplexerer Formen verbunden, da Oberflächen mit höherer Energie vermieden werden und dafür andere mit geringerer Energie ausgebildet werden. Zur Erklärung des Wulffschen Theorems ist es am einfachsten, einen Kristall anzunehmen, dessen Gleichgewichtsform durch einen beliebigen konvexen Polyeder gegeben ist. Dieser besteht im Gegensatz zur Kugel aus einzelnen Teilflächen („Facetten"). Das Theorem sagt aus, dass der Normalabstand jeder Teilfläche dieses Polyeders zum geometrischen Mittelpunkt des Polyeders proportional ist zur Oberflächenenergie dieser Fläche:

$$\frac{\gamma_i}{h_i} = \eta \qquad\qquad \textbf{2.18}$$

mit einer Konstante η (Wulff-Konstante), der Oberflächenenergie γ_i der Teilfläche i und dem Normalabstand h_i zwischen der Fläche i und dem geometrischen Mittelpunkt der Kristallform.

Dieses Theorem ermöglicht die Konstruktion der Gleichgewichtsform aus der orientierungsabhängigen Oberflächenenergie. Das Verfahren ist in Abbildung 2.3 für eine vollständig facettierte (a) und eine nur teilweise facettierte, „verrundete" Form (b) skizziert. Zur Vereinfachung ist das Beispiel auf zwei Dimensionen beschränkt, eine dreidimensionale Konstruktion erfolgt nach dem gleichen Schema. Für beide Formen wird zunächst der Gamma-Plot gezeichnet (grüne gepunktete Linie). Dieser ist die polare Abbildung der orientierungsabhängigen Oberflächenenergie, wobei der Abstand zum Ursprung O jeweils der relativen Oberflächenenergie entspricht. Anschließend wird für jeden Punkt des Gamma-Plots (beispielsweise A-E) eine Verbindungslinie zum Ursprung O gezeichnet und in diesen Punkten A-E eine zu der Verbindungslinie orthogonale Linie erstellt (rote und blaue gestrichelte Linien). Die Wulff-Form ist dann eindeutig definiert als die innere Hüllkurve der Orthogonalen (schwarze Linie).

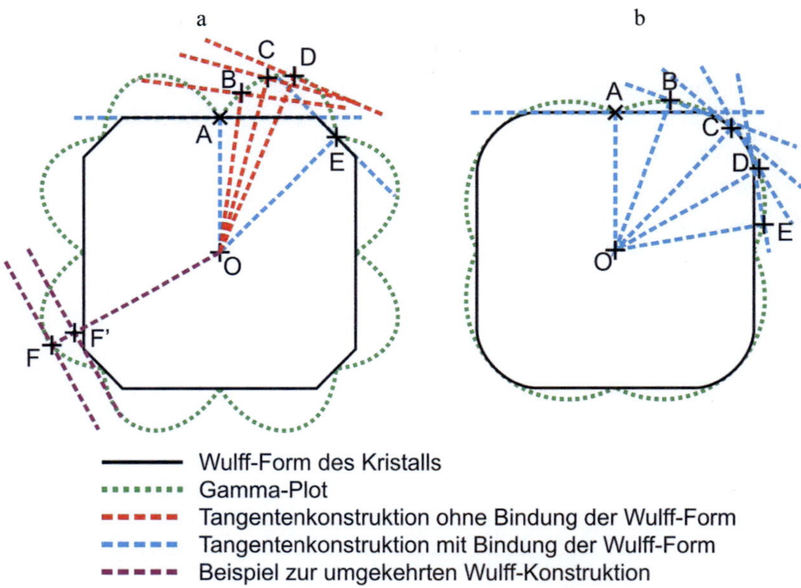

Abbildung 2.3: Zweidimensionale Wulff-Konstruktion für eine facettierte (a) und eine verrundete (b) Kristallform.

Als Folge dieser Konstruktion muss die Wulff-Form konvex sein. Auch zur Symmetrie der Wulff-Form sind Aussagen möglich. Jede kristallografisch gleichwertige Orientierung muss in der Wulff-Form gleich abgebildet sein, so dass für ein zweidimensionales kubisches System mindestens eine vierzählige Symmetrieachse im Ursprung der Wulff-Form liegen muss (vgl. Abbildung 2.3 a). Als einfachste Form ergibt sich also für ein kubisches System ein Quadrat aus den {10}-Flächen. Wenn die Wulff-Form außer diesen Orientierungen noch weitere enthält, wie beispielsweise die {11}-Orientierungen in Abbildung 2.3 a, so kann sich auch eine höhere Symmetrie der Wulff-Form ergeben. Dies ist der Fall, wenn die {11}-Kanten die gleiche Länge aufweisen wie die

{10}-Kanten und ein symmetrisches Oktagon entsteht. Insgesamt muss die Wulff-Form also die gleiche oder eine höhere Symmetrie aufweisen wie der zugrunde liegende Kristall.

Die Umkehrung der Wulff-Konstruktion zur Ermittlung der relativen Oberflächenenergie aus einer bekannten Gleichgewichtsform ist im Allgemeinen nicht eindeutig möglich. So fällt beim Vergleich der Abbildungen 2.3 a und b fällt auf, dass im linken, facettierten Fall nicht alle Punkte A-E einen Anteil an der einhüllenden Kurve beziehungsweise der Wulff-Form haben. So verlaufen die Orthogonalen der Punkte B-D (rote gestrichelte Linien) fernab der Wulff-Form und nur die Orthogonalen der Punkte A und E (blaue gestrichelte Linien) bedingen die Ausbildung der Wulff-Form. Bei der Ableitung des Gamma-Plots aus der Wulff-Form sind dann zunächst nur die Punkte A und E eindeutig bekannt. In allen anderen Fällen ergibt sich die Situation von Punkt F und F'. Dabei kann aus der beobachteten Form nur geschlossen werden, dass der Punkt F mindestens so weit vom Ursprung weg liegen muss, dass seine Orthogonale die Wulff-Form nicht schneidet (Punkt F'). Ansonsten wäre die Wulff-Form an dieser Stelle durch die Orthogonale beeinflusst (lila gestrichelte Linien). Die tatsächliche Oberflächenenergie (Punkt F) wird nicht erhalten, sondern lediglich ein Mindestwert der Oberflächenenergie (Punkt F'). Dieser Fall tritt immer dann auf, wenn die Wulff-Form Kanten enthält. Die Folge ist ein Bereich an fehlenden Orientierungen, in dem nur ein Mindestwert der Oberflächenenergie abgelesen werden kann [20].

Die experimentelle Beobachtung der Wulff-Form von Partikeln nach einer Wärmebehandlung mit entsprechender Rekonstruktion der Oberflächenenergie wurde bereits in vielen Fällen durchgeführt [21-25]. Problematisch ist bei diesem Verfahren jedoch der Einfluss der Auflage sowie der Atmosphäre als offenes System. Eine Möglichkeit, diese Probleme zu umgehen, ist die Betrachtung der inversen Wulff-Form, also der Gleichgewichtsform einer Pore in einem Kristall. In diesem Fall existiert keine Auflage und die Atmosphäre ist durch das in sich geschlossene System ebenfalls robust gegen äußere Einflüsse. Da die Richtung der Krümmung einer Phasengrenze keine Rolle für deren energetisches Verhalten spielt, ist die inverse Wulff-Form mit der normalen Wulff-Form gleichwertig, die ausgebildeten Formen unterscheiden sich nicht [20, 26-28].

Die Methode der Beobachtung einer inversen Wulff-Form kam in weit mehr Fällen zum Einsatz, beispielsweise an Al_2O_3. Meist erfolgte eine Betrachtung von komplett im Kristall eingebetteten Poren mittels Transmissionselektronenmikroskop (TEM) [29-31]. Aber auch zweidimensional angeschliffene Poren wurden im Rasterelektronenmikroskop (REM) [26, 32] oder Rasterkraftmikroskop (AFM) [33, 34] untersucht. Für andere Materialien sind ebenfalls Daten verfügbar, beispielsweise SiC [35], LiF [36] und unterschiedliche Metalle [20, 37, 38].

Zwei Studien dokumentieren die Wulff-Form des mit $SrTiO_3$ nahe verwandten $BaTiO_3$ [39, 40]. In der Ersten wurden Poren, welche bei 1400 °C für 10 h oder 100 h ausgelagert wurden, im TEM betrachtet sowie der Abstand der einzelnen Flächen direkt vermessen [39]. In der Studie genügten 10 h nicht, um eine gleichgewichtsnahe Form zu erreichen, erst nach 100 h war dies der Fall. Die relative Oberflächenenergie von {100}:{110}:{111} entsprachen den Werten 1:1,15:1,15. In der beobachteten Wulff-Form erschien zusätzlich eine {411}-Facette, zu der kein Energiewert angegeben ist. Den Abbildungen der Veröffentlichung ist ein Wert von ungefähr 1,08 zu entnehmen. Die Indizierung der {411}-Facette ist allerdings nicht konsistent mit der in der Studie gezeigten theoretisch berechneten Wulff-Form, die Symmetrie der dort eingezeichneten Facette entspricht eher einer {211}-Orientierung. Allerdings erfolgte die kristallografische Indizierung in einem TEM unter Berücksichtigung des Beugungsbildes, so dass die Orientierung {411} vermutlich korrekt und die theoretisch berechnete Wulff-Form fehlerhaft ist.

Die zweite Untersuchung betrachtete die Form von einigen Nanometern großen Einschlüssen einer Fremd- beziehungsweise Flüssigphase in siliciumdotiertem $BaTiO_3$ unter Variation der Atmosphäre (H_2 und Luft) bei 1280 °C [40]. Dabei erfolgte keine Ermittlung der relativen Oberflächenenergie, sondern nur eine Betrachtung der grundsätzlichen Form der Einschlüsse. In reduzierender Atmosphäre (H_2) zeigten die Einschlüsse eine runde Gestalt, gleichbedeutend mit einer geringen Anisotropie. In Luft wiesen die Einschlüsse eine stark facettierte Form auf, wobei {100}- und {111}-Facetten dokumentiert wurden. Eine ähnliche Reaktion der Porenform auf eine Änderung des Sauerstoffpartialdrucks wurde an LiF beobachtet [36].

Einige Studien dokumentieren auch die Änderung der Wulff-Form und damit der Oberflächenenergie mit der Temperatur [25, 32], jedoch existieren keine Daten für $BaTiO_3$ oder $SrTiO_3$.

2.2.1.1 Facettierung freier Oberflächen

Aus der Wulff-Konstruktion kann das Verhalten einer freien Oberfläche im Gleichgewicht gefolgert werden. Wenn die Wulff-Form des betrachteten Kristalls facettiert ist, so wird auch die freie Oberfläche Facetten aufweisen. In Abbildung 2.4 a ist eine Wulff-Form skizziert. Die Oberflächenenergie einer freien Oberfläche mit der durch den schwarzen Pfeil angedeuteten Orientierung ist genau dann minimal, wenn sie sich aus einzelnen Facetten der Wulff-Form (rote und blaue Linien, vgl. Abbildung 2.4 b) zusammensetzt [18]. Im dreidimensionalen Fall kann sich eine freie Oberfläche je nach Orientierung aus bis zu drei unterschiedlichen Stufen zusammensetzen. Im Fall einer teilweise runden Wulff-Form des betrachteten Kristalls sind auch nicht facettierte freie Oberflächen möglich [18, 41].

Diese Betrachtung berücksichtigt die freie Energie der Stufen nicht [42]. Quantifizierbare Aussagen über die relative Oberflächenenergie sind in diesem Modell nicht möglich. Jedoch liefert die Facettierung freier Oberflächen in einem gleichgewichtsnahen Zustand Informationen über die Orientierungen, welche auch in der Wulff-Form Facetten ausbilden. Diese Möglichkeit wurde beispielsweise an Platin für verschieden Temperaturen genutzt [43]. Auch für $SrTiO_3$ liegt eine Studie vor, in der Sano et al. [41] das Facettierungsverhalten freier Oberflächen bei 1400 °C mittels Rasterkraftmikroskop (AFM) untersuchten. Dabei bildeten nur die Orientierungen {100}, {110} und {111} Oberflächen ohne Stufen, wobei dies insbesondere bei {100} auf einen gewissen Bereich um die jeweilige Orientierung zuzutreffen schien. Die von den Autoren ermittelte Wulff-Form war ebenfalls aus diesen drei Orientierungen zusammengesetzt.

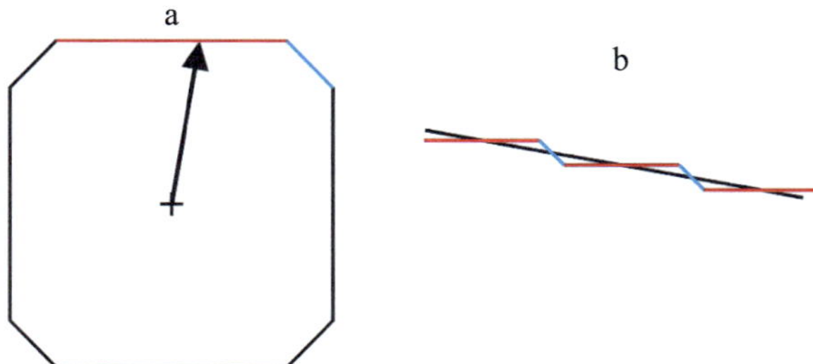

Abbildung 2.4: Facettierung einer freien Oberfläche. a die Wulff-Form des betrachteten Kristalls mit zwei markierten Facetten (rot und blau) sowie einer Orientierung (Pfeil), b eine freie Oberfläche der gleichen Orientierung, zusammengesetzt aus Abschnitten der in rot und blau markierten Facetten.

2.2.1.2 Kinetische Betrachtung der Wulff-Form

Bei der Messung der relativen Oberflächenenergie durch die Wulff-Form ist das tatsächliche Erreichen eines gleichgewichtsnahen Zustands der betrachteten Form von zentraler Bedeutung. So wurde bereits erwähnt, dass im Falle von $BaTiO_3$ bei 1400 °C nach 10 h noch keine Gleichgewichtsform beobachtet werden kann, sondern erst 100 h zu symmetrisch geformten Poren führen [39].

Wenn eine Pore in einer Form ungleich der Wulff-Form vorliegt, so existiert eine Triebkraft für eine Formänderung in Richtung der Gleichgewichtsform durch die Minimierung der Oberflächenenergie. Diese entsteht einerseits durch eine einfache Verkleinerung der Oberfläche, andererseits bei anisotroper Oberflächenenergie auch durch eine Ersetzung energetisch ungünstiger Flächen durch günstigere. Die Geschwindigkeit dieser Änderung wird durch den Transport der Atome bedingt und hängt von der Größe der Pore sowie der Diffusionsgeschwindigkeit ab. Insgesamt sind die relevanten Einflussparameter des Systems die Ausgangsform beziehungsweise das Ausmaß der Abweichung von der Gleichgewichtsform, die Oberflächenenergie, die Größe der Pore, der Oberflächendiffusionskoeffizient und damit auch die Temperatur. Eine analytische Berechnung dieses Problems haben Carter et al. [44] vorgenommen. Choi et al. [29] entwickelten daraus eine Abschätzung für die Zeit, welche die Entwicklung einer langgestreckten Pore zu einer gleichgewichtsnahen Form benötigt. Die Autoren fanden eine sehr starke Abhängigkeit von der Porengröße, während die Ausgangsform der Pore nahezu keine Rolle spielt.

R. Kern betrachtete den umgekehrten Fall, nämlich die Entwicklung eines Kristalls in Richtung seiner Gleichgewichtsform [45]. Für die Änderung eines langgestreckten Quaders in Richtung eines Würfels als angenommene Gleichgewichtsform ergeben sich die Gleichungen

$$t = -\ln\left(\frac{R(t) - R_{eq}}{R_0 - R_{eq}}\right) \cdot c \qquad\qquad \textbf{2.19}$$

$$c = \frac{2k_B T R_{eq}^4}{D_s \Omega^{4/3} \gamma} \qquad\qquad \textbf{2.20}$$

mit der Breite $2R$ der Form zum Zeitpunkt t, der Gleichgewichtsbreite $2R_{eq}$, der Breite $2R_0$ zum Zeitpunkt 0 sowie schließlich dem Oberflächendiffusionskoeffizienten D_s.

Bei der Herleitung wurde vereinfachend $R(t) \approx R_{eq}$ angenommen. Durch diese Annahme entsteht kein bedeutender Fehler, da eine langgestreckte Pore mit $R(t) \gg R_{eq}$ eine sehr große Triebkraft für die Formänderung aufweist und daher sehr instabil ist. Die benötigte Zeit zum Erreichen einer gleichgewichtsnahen Form ist hauptsächlich durch die Entwicklung bei kleinen Triebkräften mit geringer Abweichung von der Gleichgewichtsform gegeben [29].

Unter Annahme einer tolerierten Abweichung $R(t) - R_{eq}$ von der Gleichgewichtsform ist mit Gleichung 2.19 eine Abschätzung der Zeit möglich, welche zur Entwicklung eines gleichgewichtsnahen Zustands nötig ist. Eine entsprechende Abschätzung für $SrTiO_3$ folgt in Abschnitt 5.1.1.1. Gleichung 2.20 lässt eine Proportionalität zu R_{eq}^4 erkennen, analog zu Choi et al. [29] ist also die Porengröße der bedeutendste Faktor des Systems.

2.2.1.3 Wulff-Form einer Korngrenze: Das Korn-in-Korn-Problem

Die eigentliche Wulff-Konstruktion bezieht sich auf die Gleichgewichtsform eines Kristalls in einer völlig isotropen Umgebung. Zusätzlich dazu ist auch möglich, die Form eines Kristalls eingebettet in einem anisotropen Medium beziehungsweise einem anderen Kristall aus deren Wulff-Formen abzuleiten [46, 47]. Analog zur Facettierung einer freien Oberfläche (Abschnitt 2.2.1.1) kann aus dieser kombinierten Wulff-Form das Verhalten einer Korngrenze abgeleitet werden.

Die Konstruktion zur Ermittlung der kombinierten Wulff-Form ist in Abbildung 2.5 skizziert. In rot und blau sind die Wulff-Formen der beiden Kristalle dargestellt. Die blaue Wulff-Form ist gegenüber der roten etwas verdreht, entsprechend einer kristallografischen Missorientierung der beiden Körner. Es spielt für die Betrachtung keine Rolle, welche Form dem eingebetteten Partikel und welche dem umgebenden Kristall zugeordnet ist. Die Wulff-Form des eingebetteten Partikels entsteht durch die Verschiebung der zweiten Wulff-Form in jeden Punkt auf der ersten Wulff-Form (blaue Pfeile). Die gesuchte Form ist die konvexe Hülle der Figur (schwarze gestrichelte Linie).

In der Praxis wird diese Konstruktion nicht bezüglich der tatsächlichen Gleichgewichtsform eines eingebetteten Partikels genutzt, sondern um Aussagen zur Morphologie einer Korngrenze zu treffen [46, 47]. So ist die Linie a in Abbildung 2.5 identisch mit einer Kante der zweiten Wulff-Form (blaue Linie), die Linie b mit der Kante A-D der ersten Wulff-Form (rote Linie).

In beiden Fällen facettiert eine Seite der Korngrenze in eine niederenergetische Fläche bezüglich einem der beiden Kristallgitter. Die gegenüberliegende Seite liegt bei Vorhandensein einer Flüssigphasenschicht an der Korngrenze als stufiger Bereich analog zu Abschnitt 2.2.1.1 vor [46, 47], bei trockener Korngrenze als ebene Fläche [48].

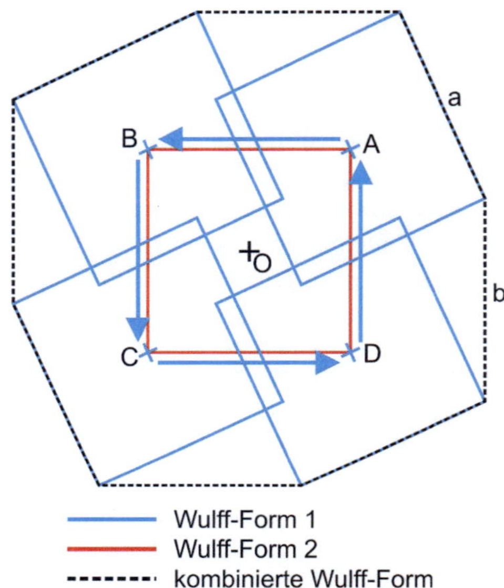

Abbildung 2.5: Wulff-Form eines Kristalls, der in einem anderen Kristall mit Miss-orientierung eingebettet ist.

2.2.2 Kräftegleichgewichte an Tripelpunkten

Kräftegleichgewichte von Korngrenzen an Tripellinien können genutzt werden, um die relative Korngrenzenergie der beteiligten Grenzflächen zu messen [49-53]. Die Tripellinie kann sich dabei vollständig im Material oder auch an dessen Oberfläche befinden. Die physikalischen Gegebenheiten sind grundsätzlich in beiden Fällen die gleichen. Am häufigsten werden Tripellinien an der Proben-oberfläche betrachtet, daher wird diese Methode im Folgenden vorgestellt. Doch auch die erste Methode kommt in der Praxis zur Anwendung [51, 52].

Die Betrachtung von Tripellinien an der Oberfläche stützt sich auf die Bildung von thermischen Ätzgräben der Korngrenzen („Thermal Grooving"). Eine polierte Oberfläche eines Polykristalls bildet bei thermischer Behandlung an den Koregrenzen Gräben, welche durch die Korngrenzenergie („Oberflächenspan-nung") der aus dem Materialvolumen an die Oberfläche treffenden Korngrenzen hervorgerufen werden. Die Geometrie des Ätzgrabens strebt in Richtung des Kräftegleichgewichts zwischen der Oberflächenenergie der beiden Körner γ_1 und γ_2 sowie der Korngrenzenergie $\gamma_{1,2}$, wie in Abbildung 2.6 skizziert ist. Dabei ist besonders zu beachten, dass γ_1 und γ_2 die Oberflächenenergie der Oberflächen an der Wurzel des Grabens an der Tripellinie widerspiegeln, nicht die der benachbarten Kornoberfläche.

Wenn ein solcher thermischer Ätzgraben experimentell erzeugt und dessen Geometrie vermessen wurde, so sind zunächst die Winkel α_1 und α_2 bekannt. Das Kräftegleichgewicht zwischen γ_1, γ_2 und $\gamma_{1,2}$, hängt jedoch zusätzlich von der Richtung von $\gamma_{1,2}$ und damit dem Winkel β ab. Um die Inklination β der Korngrenze zu erhalten, wird üblicherweise ein Serienschnittverfahren angewendet. Die Abtragung einer wenige Mikrometer dicken Schicht von der betrachteten Oberfläche macht einen seitlichen Versatz der Korngrenze sichtbar, aus dem die Inklination leicht berechnet werden kann.

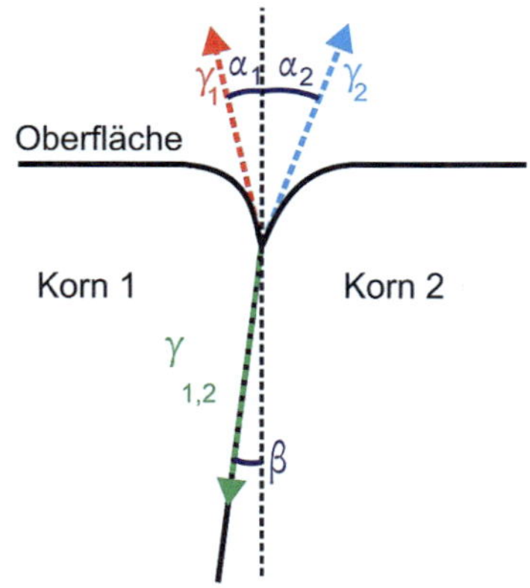

Abbildung 2.6: Kräftegleichgewicht der Oberflächen- und Korngrenzenergie an einem Ätzgraben einer Korngrenze.

Die Auswertung dieses und ähnlicher Versuche stützt sich auf die Bedingung von Herring [54]. Für anisotrope Materialien muss demnach zusätzlich zum reinen Kräftegleichgewicht ein Momentengleichgewicht integriert werden. Wenn eine energetisch günstige Orientierung knapp neben einer der drei Richtungen von γ_1, γ_2 und $\gamma_{1,2}$ liegt, so existiert ein Drehmoment, welches an der betreffenden Fläche in Richtung dieser Orientierung wirkt. Aus dem einfachen Kräftegleichgewicht in vektorieller Schreibweise

$$\sum \vec{\gamma}_i = 0 \qquad\qquad \textbf{2.21}$$

folgt dann die Bedingung von Herring

$$\sum \left(\vec{\gamma}_i + \frac{d\vec{\gamma}_i}{d\theta} \right) = 0 \qquad\qquad \textbf{2.22}$$

mit dem Kippwinkel θ in um die Tripellinie. Eine umfassende Behandlung dieses Aspekts findet sich beispielsweise bei Rohrer [49].

Diese oder ähnliche Verfahren ermöglichten in vielen Fällen die Ermittlung der relativen Oberflächenenergie oder Korngrenzenergie [43, 49, 55-59]. Der Aufwand ist allerdings hoch und eine vollständige Abbildung der relativen Korngrenzenergie ist auf diesem Weg nicht praktikabel.

Eine spezielle Variante des vorgestellten Verfahrens wurde von Saylor et al. beschrieben [60, 61]. Die Autoren betrachteten dabei ein Inselkorn, welches komplett von einem anderen Korn umgeben ist. Die Missorientierung zwischen den beiden Körnern ist also konstant. Die Autoren nahmen an, dass die Korngrenzenergie $\gamma_{1,2}$ nur von der Missorientierung der beiden Körner und nicht von der Orientierung der Korngrenze abhängt. Damit ist $\gamma_{1,2}$ im betrachteten Fall in jedem Punkt der Tripellinie konstant. Allerdings wurde diese Annahme in einer späteren Veröffentlichung als unpräzise beschrieben ([62], vgl. Abschnitt 2.2.4). Der runde Verlauf der Tripellinie um das Inselkorn herum ermöglicht die Betrachtung von sehr vielen unterschiedlichen Oberflächenorientierungen im Ätzgraben. Eine Messung der Geometrie des Ätzgrabens (α_1 und α_2 in Abbildung 2.6) mittels Rasterkraftmikroskop ermöglicht die Berechnung der orientierungsabhängigen Oberflächenenergie für einen relativ großen Bereich unterschiedlicher Parameter.

Diese Methode wurde zur Rekonstruktion der Oberflächenenergie bei 1400 °C in Luft an $SrTiO_3$ verwendet [41]. In der Veröffentlichung findet sich eine stereografische Projektion der orientierungsabhängigen Oberflächenenergie, wobei die relative Energie der Orientierungen $\{100\}$, $\{110\}$ und $\{111\}$ als 0,93 $\pm$ 0,03, 1,01 $\pm$ 0,06 und 1,02 $\pm$ 0,01 angegeben wurden. Außer diesen Orientierungen sind keine weiteren in der Wulff-Form enthalten.

2.2.3 Korngrenzenergie und Missorientierung

Grundsätzlich kann die Energie einer Korngrenze $\gamma_{1,2}$ dargestellt werden als Summe der Oberflächenenergie beider angrenzender Körner abzüglich der Bindungsenergie der Korngrenze E_b:

$$\gamma_{1,2} = \gamma_1 + \gamma_2 - E_b \qquad\qquad \textbf{2.23}$$

Diese Bindungsenergie entspricht der Anzahl möglicher Bindungen über eine Korngrenze hinweg. Sie kann auch als Spaltarbeit bezeichnet werden, da sie der aufzuwendenden Energie zur mechanischen Spaltung der Grenzfläche in zwei Oberflächen entspricht. Dieser Term wird im Allgemeinen als konstant für alle

Missorientierungen angenommen [63, 64]. Manche Missorientierungen zwischen zwei Körnern weisen jedoch eine ausgeprägte Symmetrie an der Korngrenze auf, wie beispielsweise Zwillingskorngrenzen. In diesem Fall ist eine deutlich größere Anzahl atomarer Bindungen zwischen den beiden Körnern möglich und die Korngrenzenergie ist relativ klein [53, 64-66]. Diese Korngrenzen werden nach dem Coincidence Site Lattice (CSL) klassifiziert, die Bezeichnung $\Sigma 3$ beschreibt dabei eine Korngrenze, bei der jeder dritte Gitterplatz des einen Korns mit einem Gitterplatz des anderen Korns zusammenfällt und daher eine Bindung ausbilden kann.

Für die Bildung einer CSL-Korngrenze ist ausschließlich die Lage der Atome an der Korngrenze relativ zu den beiden angrenzenden Kristallgittern relevant. Daher ist nur die Missorientierung der beiden Körner relevant, die Inklination der Korngrenze spielt keine Rolle. Es genügen also drei Parameter zur Beschreibung einer Korngrenze, welche die Missorientierung der beiden Körner zueinander definieren.

Aufgrund der relativ niedrigen Korngrenzenergie ist eine gesonderte Betrachtung der CSL-Korngrenzen nötig. In $SrTiO_3$ wurden mehrere Studien zu diesem Thema durchgeführt. Ernst et al. [67] untersuchten eisendotiertes $SrTiO_3$ mittels Electron Backscatter Diffraction (EBSD) und fanden eine größere Anzahl an $\Sigma 3$-Korngrenzen als für einen Polykristall ohne Vorzugsorientierungen erwartet. Park et al [68] und Shih et al. [65, 66, 69] betrachteten in mehreren Studien undotiertes und niobdotiertes $SrTiO_3$. Das Auftreten von CSL-Korngrenzen wurde abhängig von der Auslagerungszeit und der Art des Kornwachstums (normal oder abnormal) betrachtet. Im betrachteten Temperaturbereich von 1350 °C bis 1425 °C wurden nach kurzen Haltezeiten relativ viele $\Sigma 3$-Korngrenzen gefunden, deren Anzahl jedoch mit längeren Haltezeiten deutlich abnahm. Bei Kleinwinkelkorngrenzen zeigte sich der gleiche Trend [66]. Dem gegenüber stehen mit der Sinterzeit steigende Anteile an höheren CSL-Korngrenzen ($\Sigma 5$, $\Sigma 7$, $\Sigma 17$ und $\Sigma 27$) [68]. Aus dieser Beobachtung folgern die Autoren, dass die Bildung von CSL-Korngrenzen das Kornwachstum nicht maßgeblich beeinflusst [68]. Interessant ist eine Abhängigkeit der Häufigkeit von $\Sigma 3$-Korngrenzen von der Korngröße. Bei kleinen Körnern nimmt deren Anzahl mit der Sinterzeit zu, bei größeren ab [65, 66].

Saylor et al. [64] fanden in einem statistischen Ansatz (vgl. Abschnitt 2.2.4) eine leichte Anhäufung von Kleinwinkelkorngrenzen, jedoch keine signifikante Anhäufung von $\Sigma 3$-Korngrenzen. Andere CSL-Korngrenzen wurden in der Studie nicht beobachtet.

Insgesamt ist der Einfluss von CSL-Korngrenzen auf das Kornwachstum aufgrund des eher geringen Anteils an der Korngrenzpopulation als vernachlässigbar einzustufen. In diesem Sinne ist die Annahme eines konstanten Bindungsterms in der Korngrenzenergie (Gleichung 2.23) gerechtfertigt, die Korngrenzenergie kann somit in erster Näherung aus der Oberflächenenergie der beiden Korngrenzflächen ermittelt werden.

2.2.4 Grain Boundary Character Distribution

Aus den geometrischen Gegebenheiten ergeben sich fünf Parameter zur vollständigen Beschreibung einer Korngrenze [53]. Drei Parameter beschreiben die kristallografische Missorientierung der beiden angrenzenden Körner. Zwei weitere geben die Inklination der Korngrenze an. Basierend auf diesen fünf Parametern können statistische Betrachtungen an der vorliegenden Population von Korngrenzen durchgeführt werden. Diese werden unter dem Begriff „Grain Boundary Character Distribution" (GBCD) zusammengefasst [53].

Aufgrund der großen Anzahl von Freiheitsgraden ist eine Bestimmung der Korngrenzenergie nach Abschnitt 2.2.2 nur für einen eingeschränkten Parameterraum praktikabel. Es ist jedoch möglich, die relative Korngrenzenergie über statistische Methoden aus der dreidimensionalen Struktur eines Polykristalls zu entnehmen [6, 49, 53, 62, 70, 71]. Die zentrale Annahme ist dabei, dass eine energetisch günstige Korngrenze in einem Polykristall häufiger auftritt als eine energetisch ungünstige. Die relative Energie einer Korngrenze ist dann umgekehrt proportional zu deren Häufigkeit. Experimentelle Betrachtungen [64, 71] sowie eine Kornwachstumssimulation [72] stützen diese Annahme.

Die GBCD kann prinzipiell mit allen Verfahren bestimmt werden, welche die Erstellung eines dreidimensionalen Abbildes eines Polykristalls einschließlich der kristallografischen Orientierung aller Körner ermöglichen. Das am häufigsten angewendete Verfahren ist ein Serienschnittverfahren („Serial Sectionning") [53, 70]. Dabei werden von einer möglichst großen Anzahl Körner in einem zweidimensionalen Schliff die kristallografischen Orientierungen sowie die Lage der Korngrenzen gemessen. Üblicherweise werden dazu rasterelektronenmikroskopische Aufnahmen in Verbindung mit EBSD verwendet. Da bei der Verwendung von zweidimensionalen Daten die Inklination der Korngrenze relativ zur Oberfläche nicht bekannt ist, können so zunächst nur vier der fünf Parameter gemessen werden. Die Inklination wird mittels Serienschnittverfahren bestimmt (vgl. Abschnitt 2.2.2). Durch die Anwendung dieser Methode auf einige übereinanderliegende Schnitte entsteht eine dreidimensionale Rekonstruktion eines Polykristalls. Mit diesem Verfahren wurde beispielsweise in MgO die GBCD gemessen [70] und daraus die relative Oberflächenenergie ermittelt [71]. Auch an $SrTiO_3$ wurde das Serienschnittverfahren angewendet [62, 64], die Ergebnisse werden an dieser Stelle zusammengefasst. Die Autoren fanden eine Korrelation zwischen Häufigkeit des Auftretens und der hypothetischen Korngrenzenergie als Summe aus der Energie beider Oberflächen [64]. Sowohl Kleinwinkelkorngrenzen („$\Sigma 1$") als auch $\Sigma 3$-Korngrenzen waren Ausnahmen dieser Regel, sie traten häufiger auf als die hypothetische Korngrenzenergie erwarten ließe. Da diese speziellen Korngrenzen jedoch weniger als 2 % aller Korngrenzen ausmachten, ist ein deutlicher Einfluss dieser Korngrenzen nicht zu erwarten. Die geringe Genauigkeit der Daten erlaubt in diesen Fällen allerdings keine konkrete Aussage.

Beide Studien dokumentieren eine deutliche Textur in den Korngrenznormalen. Ein relativ großer Anteil der Korngrenzen ist bezüglich einem der beiden Körner {100}-orientiert, welches die Oberfläche mit der niedrigsten Energie ist ([41] und Abschnitt 4.1). Die Orientierung der gegenüberliegenden Seite ergibt sich aus der Missorientierung der beiden Körner. Die Häufigkeitsverteilung dieser Korngrenzoberflächen korreliert insgesamt deutlich mit der Wulff-Form der Oberflächenenergie [62, 64]. Nach den Autoren verhält sich der Polykristall ähnlich zu freien einzelnen Kristallen, indem möglichst viele niederenergetische Oberflächen gebildet werden. Einziger Unterschied ist die Kopplung der Oberfläche gegenüberliegender Körner, die dann eine vorgegebene, nicht niederenergetische Oberfläche ausbilden müssen [62]. Aus diesem deutlichen Einfluss der einzelnen Oberflächen leiten die Autoren die Annahme ab, dass der Bindungsterm der Oberflächenenergie (vgl. Gleichung 2.23) außer für $\Sigma 1$- und $\Sigma 3$-Korngrenzen konstant ist [62], entgegen früheren Studien der gleichen Arbeitsgruppe [60, 61], die eine nur von der Missorientierung der beiden Körner abhängige Korngrenzenergie annahmen.

Die Präparation der einzelnen Ebenen ist im Serienschnittverfahren ebenfalls mit großem Aufwand verbunden. Daher wurde ein stereologisches Verfahren entwickelt, das die Inklination der Korngrenze aus einem einzigen zweidimensionalen Schnitt rekonstruiert [53, 73]. Auch in diesem Fall erfolgt die Erfassung einer möglichst großen Anzahl Körner mittels REM und EBSD. Nun wird die Annahme getroffen, dass die Inklination der Korngrenze bei gegebener Missorientierung bevorzugte Winkel ausbildet. Dann ermöglicht der Vergleich mehrerer Kornpaare mit gleicher Missorientierung, aber unterschiedlicher Orientierung zur Betrachtungsebene, die Rekonstruktion der Inklination der Korngrenzen. Dieses Verfahren schließt also aus einem einzigen zweidimensionalen Schnitt auf die dreidimensionale Struktur des Materials. Diese stereologische Methode der Messung der GBCD wurde ebenfalls an $SrTiO_3$ angewendet [53, 73], die Ergebnisse entsprechen denen des Serienschnittverfahrens.

Eine weitere Möglichkeit der Messung der GBCD sind röntgentomografische Verfahren unter Ausnutzung der Röntgenbeugung (Diffraction Contrast Tomography, DCT) [74-76]. Diese Methode erzeugt ein vollständiges dreidimensionales Abbild der Mikrostruktur einschließlich der Kornorientierungen. Dabei ist insbesondere die Zerstörungsfreiheit der Messung hervorzuheben, wodurch mehrere Messungen an der gleichen Probe möglich sind, beispielsweise vor und nach einer Wärmebehandlung. Erste Versuche dieses Verfahrens an $SrTiO_3$ zeigen ebenfalls eine Häufigkeit von {100}-orientierten Kornoberflächen [77].

2.3 Korngrenzmobilität und Korngrenzstruktur

Neben der Korngrenzenergie ist die Korngrenzmobilität ein entscheidender Faktor im Kornwachstum. Während die Korngrenzenergie die Triebkraft für das Kornwachstum beeinflusst, bedingt die Korngrenzmobilität die aus der Triebkraft resultierende Bewegungsgeschwindigkeit der Korngrenze (vgl. Gleichung 2.16). Nach den Kornwachstumsmodellen aus Abschnitt 2.1 ist das Kornwachstum im gleichen Maße von Mobilität und Korngrenzenergie abhängig. Daher ist es zumeist nicht möglich, deren Einfluss im Experiment zu trennen, es ist nur die Wachstumskonstante $k = 2\alpha m\gamma$ als Kopplung dieser beiden Werte messbar [78, 79].

Analog zur Korngrenzenergie besteht bei kristallinen Materialien in der Regel eine Anisotropie der Mobilität. Häufig wird zwischen diesen beiden Faktoren eine Abhängigkeit angenommen, indem energetisch günstige Korngrenzen eine geringere Mobilität aufweisen [62].

Die Korngrenzmobilität entspricht der Geschwindigkeit, mit der die Atome vom Kristallgitter des schrumpfenden Korns an das des wachsenden Korns diffundieren. Daher ist die Mobilität einerseits von einem Diffusionskoeffizienten, andererseits aber auch von der lokalen Struktur der Kristallgitter abhängig. In diesem Abschnitt werden verschiedene Aspekte zusammengefasst, welche in Bezug auf die Korngrenzmobilität von Bedeutung sind.

2.3.1 Benetzung einer Korngrenze

Die Benetzung einer Korngrenze ersetzt eine Grenzfläche zwischen zwei Kristallen durch zwei Grenzflächen zwischen einem Kristall und einer Flüssigkeit. Es existieren zwei unterschiedliche Modelle für die Benetzung, ein klassisches basierend auf dem gleichzeitigen Vorliegen einer flüssigen und einer festen Phase sowie ein weiteres, welches keine stabile Flüssigphase enthält.

Zunächst wird das klassische Modell behandelt. In diesem Fall tritt genau dann eine Benetzung der Korngrenze ein, wenn sich dadurch die Korngrenzenergie und damit die freie Energie des Systems verkleinert:

$$\gamma_{kg} > 2 \cdot \gamma_{sl} \qquad\qquad \textbf{2.24}$$

mit der Korngrenzenergie γ_{kg} und der Grenzflächenenergie zwischen Korn und Flüssigphase γ_{sl}. Diese Situation kann auch bildlich dargestellt werden. Die Skizze in Abbildung 2.7 a zeigt eine Skizze für $\gamma_{kg} \ll 2 \cdot \gamma_{sl}$. Entsprechend einem Kräftegleichgewicht stellt sich ein stumpfer Winkel am Tripelpunkt ein, so dass die Flüssigphase (grau) in Form eines diskreten Partikels an der Korngrenze vorliegt. In den Abbildung 2.7 b und c sinkt γ_{sl}, ohne die Bedingung in Gleichung 2.24 zu erreichen. Der Winkel am Tripelpunkt nimmt dabei ab, bis er schließlich bei $\gamma_{kg} = 2 \cdot \gamma_{sl}$ 0° erreicht und die Flüssigphase von einer linsenartigen Form in eine kontinuierlich benetzende Schicht übergeht (d).

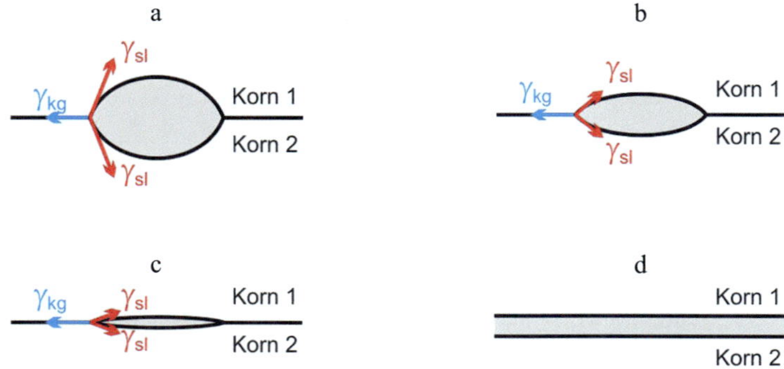

Abbildung 2.7: Benetzung einer Korngrenze durch eine Flüssigphase. Die Flüssigphase ist grau markiert. In a liegt eine sehr schlechte Benetzung vor. In b und c verschiebt sich das Verhältnis der Oberflächenenergie in Richtung einer Benetzung, bis in d eine kontinuierliche Schicht an der Korngrenze entsteht.

Eine Benetzung nach diesem Schema wurde in undotiertem, hochreinem $SrTiO_3$ nicht nachgewiesen. Sie ist allerdings durch eine Dotierung erreichbar, beispielsweise mit Bismut [80] oder insbesondere auch mit Silicium [81, 82].

Für die Benetzung einer Korngrenze muss nicht notwendigerweise eine thermodynamisch stabile Flüssigphase vorliegen, die Temperatur des Systems muss also nicht unbedingt einen Schmelzpunkt überschritten haben. Wenn der Energiegewinn durch die Benetzung ausreichend groß ist, dass er den Energieaufwand für die Umwandlung eines geringen Materialvolumens in einen amorphen Zustand übersteigt, so kann auch bei tieferen Temperaturen eine Benetzung auftreten. Die Gleichung 2.24 muss für diesen Fall umformuliert werden zu

$$\gamma_{kg} > 2 \cdot \gamma_{sl} + \Delta E_l \qquad\qquad \textbf{2.25}$$

mit der Energie ΔE_l, welche für die strukturelle Umwandlung des Materialvolumens aufzubringen ist. Eine solche Schicht wird intergranulare amorphe Schicht („Intergranular Glassy Film", IGF) genannt. Sie unterscheidet sich in einigen Eigenschaften von den Schichten nach dem klassischen Modell [83]. So existiert eine Gleichgewichtsdicke, welche im Bereich weniger Nanometer angesiedelt ist. Weiterhin bildet sie sich bereits bei Temperaturen unterhalb des Schmelzpunkts. Die chemische Zusammensetzung der Schicht entspricht im Allgemeinen nicht der eutektischen Zusammensetzung des Materials.

Die Existenz solcher Schichten wurde thermodynamisch von John Cahn 1977 beschrieben (Critical Point Wetting, [84]). Cahn betrachtete eine Mischung aus zwei Flüssigkeiten, welche durch eine Mischungslücke entstanden ist, und deren Benetzungsverhalten auf einer Oberfläche. Eine Überlagerung des Phasendiagramms mit dem Diagramm der Oberflächenadsorption ist in Abbildung 2.8 dargestellt. Innerhalb der Mischungslücke ergibt sich oberhalb einer gewissen Temperatur eine vollständige Benetzung. In diesem Bereich sind beide Flüssigkeiten thermodynamisch stabil. Links von der Mischungslücke ist lediglich eine der beiden Schmelzen thermodynamisch stabil. Dennoch existiert ein Konzentrationsbereich bis hinab zu einem kritischen Punkt („Surface Critical Point"), bis zu dem die zweite Flüssigkeit als dünne Schicht die Oberfläche benetzt und diese vollständig von der ersten Flüssigkeit abschirmt. Es existiert dabei ein Bereich mit dicken Adsorptionsschichten und einer mit dünnen. Die Ursache für dieses Verhalten ist eine Erniedrigung der freien Energie des Systems nach Gleichung 2.24. Diese Theorie wurde analog auf Korngrenzen übertragen [85]. Nach Cahn ist diese Bildung einer Flüssigphasenschicht ein Phasenübergang erster Ordnung [84], die Reversibilität der Schichtbildung lässt sich experimentell nachweisen [83, 86]. Daher können die konventionellen Phasendiagramme um den Zustand der Grenzflächen ergänzt werden [63, 83, 87, 88].

Seit den Studien Cahns wurden viele weitere theoretische und experimentelle Untersuchungen an Oberflächen und Korngrenzen durchgeführt. In vielen Fällen wurden zwei Kräfte betrachtet, welche zwischen den beiden Grenzflächen der Schicht wirken und dessen Dicke bedingen: anziehende Van-der-Waals-Kräfte und abstoßende sterische Kräfte [83, 89-92]. Aus diesen Annahmen lässt sich eine Gleichgewichtsdicke der Schicht berechnen, welche von den Konzentrationen der flüssigphasenbildenden Substanzen unabhängig ist. Solche Gleichgewichtszustände wurden auch experimentell beobachtet [90].

Es wurde jedoch auch von Systemen berichtet, in denen zwei unterschiedliche Korngrenzzustände (ohne Schicht und eine Schicht mit einer bestimmten Dicke) ein lokales Minimum der Korngrenzenergie bilden und zwischen diesen Minima ein ausgeprägtes Maximum existiert, so dass in einem System zwei verschiedene Korngrenzen unter den gleichen Bedingungen auftreten können [93, 94].

Es existieren einige Studien, die von intergranularen amorphen Schichten in $SrTiO_3$ berichten [80, 95-98]. Zwei Arbeiten betrachten $SrTiO_3$ mit ungefähr 2 mol% Titanüberschuss und teilweise mit Niob-Dotierung, wobei bei 1460 °C und 1470 °C Schichten mit Dicken von 1-2 nm sichtbar sind [95, 96]. Dabei ist jeweils ein Anteil an Verunreinigungen im Material enthalten (0,2 mol% beziehungsweise 0,1 mol%), darunter auch Silicium [99], welches für seine Bildung von benetzenden Glasphasen in Perowskiten bekannt ist [81, 82]. Stenton und Harmer fanden in undotiertem Material mit 10 % Titanüberschuss bei 1470 °C eine Flüssigphasenschicht, die teilweise sehr geringe Dicken von <15 nm aufwies [80]. In dieser Studie sind keine Angaben zur Reinheit des Materials enthalten. Die anderen beiden Studien betrachten eisendotiertes Material bei 1320 °C [97] und 1450 °C [98]. Im letzten Fall wurden zwei unterschiedliche chemische Zusammensetzungen der Schichten gefunden, eine Titan/Eisen-reiche und eine Strontium/Eisen-reiche. Im Kontrast zu vielen dieser Studien fanden Bäurer et al. zwischen 1425 °C und 1600 °C ausschließlich trockene Korngrenzen, wobei hochreines $SrTiO_3$ ohne Dotierung betrachtet wurde [100].

Insgesamt zeigt keine Studie die Bildung von entsprechenden Schichten in undotiertem, stöchiometrischem $SrTiO_3$, es ist stets ein Einfluss von Verunreinigungen oder Dotierungen vorhanden [83].

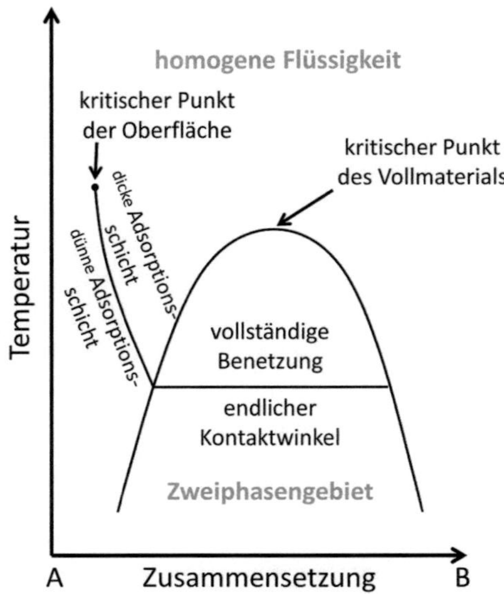

Abbildung 2.8: Cahns Critical Point Wetting bei Vorliegen einer Mischungslücke nach [84].

2.3.2 Einfluss der Struktur einer Korngrenze auf deren Mobilität

Die Literatur dokumentiert in mehreren Fällen einen Zusammenhang zwischen der Struktur einer Korngrenze sowie deren Mobilität. So finden sich in Al_2O_3 sechs verschiedene Typen von Korngrenzen, welche sich im nach Gleichung 2.17 ermittelten Kornwachstumsfaktor um insgesamt drei Größenordnungen unterscheiden [78]. Da die Korngrenzenergie sich nicht um Größenordnungen verändert [55], ist dieser Effekt hauptsächlich der Mobilität zuzuschreiben. Die Korngrenztypen in Al_2O_3 unterscheiden sich in ihrer atomaren Struktur, wobei manche nur zusammen mit einer Dotierung auftreten. Die sechs Typen gestalten sich mit ansteigender Mobilität wie folgt [78]:

1.) eine Submonoschicht adsorbierter Dotierungsatome an der Korngrenze
2.) eine trockene Korngrenze
3.) eine Doppelschicht adsorbierter Dotierungsatome
4.) mehrere Schichten adsorbierter Dotierungsatome
5.) eine intergranulare amorphe Schicht mit einer Gleichgewichtsdicke (vgl. Abschnitt 2.3.1)
6.) eine benetzende intergranulare Flüssigphasenschicht mit einer beliebiger Dicke

Auch in $SrTiO_3$ existieren unterschiedliche Typen von Korngrenzen. Bäurer et al. [100] und Shih et al. [101] untersuchten das normale und abnormale Kornwachstum von $SrTiO_3$ zwischen 1425 °C und 1600 °C abhängig von Haltezeit und Stöchiometrie. Den Autoren zufolge ist die Stöchiometrie der Korngrenze nicht von der Stöchiometrie des restlichen Materials abhängig; bei Strontiumüberschuss sind titanreiche Korngrenzen sichtbar und umgekehrt. In diesen Studien lassen sich die Korngrenzen in vier verschiedene Typen aufteilen, welche ebenfalls anhand ihrer atomaren Struktur unterschieden werden können:

1.) gerade, atomar geordnet, eine Seite auf {100} facettiert
2.) gerade, atomar rau, nicht facettiert
3.) stufig facettiert, Stufen zu einem Korn {100}-orientiert
4.) gekrümmt

Die Typen bilden sich dabei abhängig von der Inklination der Korngrenzebene zu den beiden benachbarten Körnern. Wenn die Korngrenzebene relativ nahe zu {100} bezüglich einem der beiden Körner liegt, bilden sich Typ 1 oder 3. In anderen Fällen werden Typ 2 oder 4 beobachtet [101]. Abnormale Körner, deren Korngrenzen eine hohe Mobilität haben, weisen häufig Typ 1 auf, wobei das abnormale Korn in {100}-Orientierung facettiert ist. An den Tripellinien sind allerdings unfacettierte Bereiche zu sehen. Im Gegensatz dazu ist in der normal wachsenden Matrix Typ 4 am häufigsten. Die Autoren schließen daraus, dass Typ 1 eine höhere Mobilität aufweisen muss als Typ 4.
Weiterhin existiert ein Zusammenhang der Struktur mit der Stöchiometrie der Korngrenze. So wiesen die Korngrenzen vom Typ 1 meist einen Strontiumüberschuss auf, bei Typ 4 lag meist ein Titanüberschuss vor. Als Folgerung daraus könnte die hohe Mobilität des Typ 1 durch die große Konzentration an Titan- und Sauerstoffleerstellen an der Korngrenze bedingt sein, die geringere Mobilität des Typs 4 könnte durch Solute Drag der Titanionen begründet sein [101].
Weiterhin besteht eine allgemeine Abhängigkeit des Kornwachstums von der Facettierung der Korngrenzen, wie für $SrTiO_3$ und $BaTiO_3$ in vielen Fällen nachgewiesen wurde. An et al. beeinflussten den Anteil facettierter Korngrenzen im System durch eine Variation des Sauerstoffpartialdrucks und der Donatordotierung in $BaTiO_3$ [102]. Bei einem hohen Anteil an facettierten Korngrenzen ist das Kornwachstum sehr langsam und abnormales Kornwachstum tritt auf. Bei nicht facettierten Korngrenzen ist das Kornwachstum deutlich ausgeprägter, abnormales Kornwachstum ist nicht sichtbar [103, 104].

2.3.3 Hemmende Einflüsse auf das Kornwachstum

In allen klassischen Modellen wird die Mobilität einer Korngrenze als Proportionalitätsfaktor zwischen wirkender Kraft und Bewegungsgeschwindigkeit einer Korngrenze angenommen, wie die Gleichungen 2.11 und 2.16 zeigen. Wenn jedoch zusätzlich zur Triebkraft weitere Kräfte auf die Korngrenzen wirken, so ist mit einer Abweichung von der konstanten Mobilität zu rechnen. In den nächsten Abschnitten werden die für diese Arbeit relevanten Effekte dieser Art kurz beschrieben.

2.3.3.1 Einfluss von segregierten Atomen: Solute Drag

Wenn in einem Polykristall Defekte existieren, welche zu den Korngrenzen hin segregieren oder von diesen verdrängt werden, kommt es bei der Bewegung der Korngrenzen zu einer hemmenden Kraft. Ein chemisches Potential begründet die Verteilung der Defekte an der Korngrenze. Wenn die Korngrenze sich bewegt, so folgt dieses Potential der Bewegung. Die hemmende Kraft resultiert dann aus der Notwendigkeit, dass die Defekte dem chemischen Potential der Korngrenze folgen und durch ihre eigene Diffusionsgeschwindigkeit und ihre Wechselwirkung mit dem chemischen Potential der Korngrenze eine bremsende Wirkung erzeugen (vgl. Abbildung 2.9). Wenn die Geschwindigkeit der Korngrenze ausreichende Werte annimmt, so reicht die Diffusion der Defekte nicht aus, um der Korngrenze zu folgen. In diesem Fall überwächst die Korngrenze die lokale Anhäufung an Defekten und kann sich nun nahezu ungehemmt weiter bewegen.

Die auslösenden Defekte können gelöste Fremdatome oder auch durch lokale Nichtstöchiometrie ungelöste Atome und Leerstellen des betrachteten Materials sein. Dieser Effekt wird in der Literatur „Solute Drag" oder „Impurity Drag" genannt und wurde von Cahn 1962 mathematisch betrachtet [106]. Die hemmende Kraft beschrieb er als

$$P_{Solute} = \frac{\tau C_{bulk} v_{kg}}{1 + (\omega v_{kg})^2} \qquad \textbf{2.26}$$

mit der Konzentration des auslösenden Defektes im Volumen C_{bulk} und der Geschwindigkeit der Korngrenze v_{kg}. Der Parameter τ skaliert das Ausmaß der hemmenden Kraft. Der zweite Parameter ω definiert die Geschwindigkeit, ab der die Korngrenze sich von den ungelösten Atomen losreißt. Diese Kraft muss von der durch Kapillarkräfte erhaltenen Triebkraft für das Kornwachstum abgezogen werden. In Abbildung 2.10 ist diese Situation grafisch dargestellt. Den klassischen Zusammenhang zwischen Triebkraft und Korngrenzgeschwindigkeit zeigt die gepunktete Gerade. Die gestrichelte Kurve entspricht Gleichung 2.26. Die Summe dieser beiden Kurven ergibt die effektive Triebkraft unter Berücksichtigung des Solute Drag, in der Skizze dargestellt durch eine durchgezogene Linie. Aus niedrigen Triebkräften resultiert eine sehr geringe Bewegung der Korngrenzen, bei einer kritischen Triebkraft P_{crit} erfolgt das Losreißen der Korngrenze. Bei größeren Triebkräften nähert sich die Geschwindigkeit der Korngrenze der Mobilität ohne Solute Drag an.

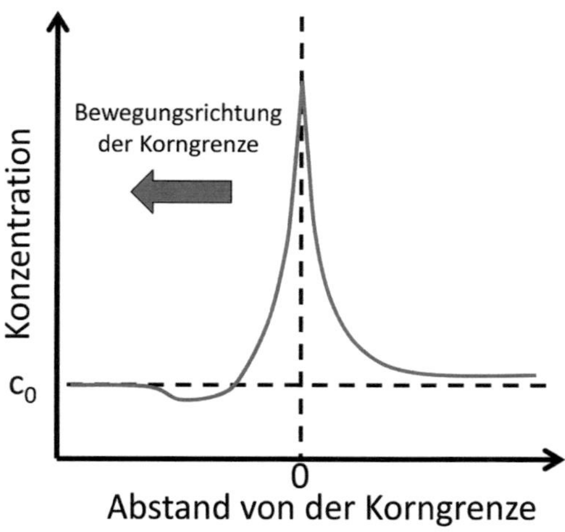

Abbildung 2.9: Konzentrationsverlauf der segregierten Defekte an einer sich bewegenden Korngrenze nach [105].

In der Literatur finden sich einige Hinweise auf Solute Drag an $SrTiO_3$ oder $BaTiO_3$. Ein elektrochemisches Potential an den Korngrenzen wurde beispielsweise von Chiang und Takagi gezeigt [107, 108], eine Segregation von intrinsischen [100, 101] und extrinsischen [99, 107, 108] Defekten wurde ebenfalls in vielen Fällen dokumentiert. Bäurer et al. [100] und Shih et al. [101] beobachteten darüber hinaus tatsächlich eine geringere Mobilität der Korngrenzen, wenn diese einen Titanüberschuss aufweisen. Ein direkter Nachweis von Solute Drag in Perowskiten ist jedoch bisher nicht erfolgt.

Dillon et al. entwickelten eine Messmethode zur Quantifizierung des Solute Drag und wendeten diese auf Al_2O_3 an [109]. Eine Phasenfeldsimulation unter Berücksichtigung des Solute Drag findet sich bei Kim und Park [105].

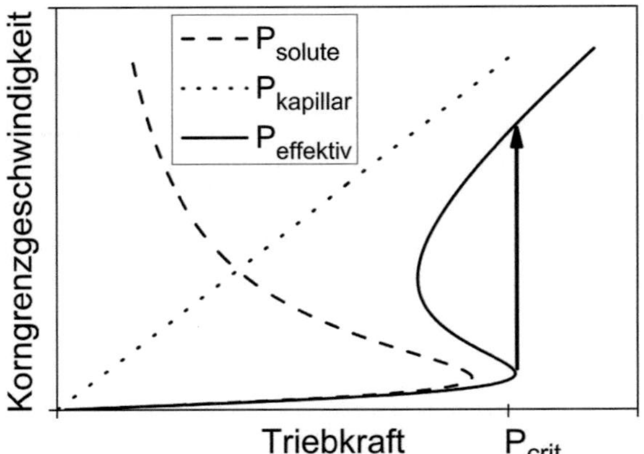

Abbildung 2.10: Zusammenhang zwischen Triebkraft und Geschwindigkeit der Korngrenze bei Vorliegen von Solute Drag nach [9].

2.3.3.2 Einfluss von Fremdphasenpartikeln: Zener-Pinning

Zener und Smith veröffentlichten 1948 ein Modell, welches den Einfluss von Fremdphasenpartikeln auf das Kornwachstum beschreibt [110]. Vereinfachend werden die Partikel als sphärisch, gleichmäßig im Festkörper verteilt und unbeweglich angenommen. Diese Partikel können in Form von Fremdphasenpartikeln oder auch Poren vorliegen. Die Partikel üben eine Kraft auf die Korngrenze aus, welche in Abbildung 2.11 skizziert ist und einen maximalen Wert von

$$F_{zener} = \pi a \gamma \qquad\qquad \textbf{2.27}$$

erreichen kann [111]. Dabei ist a der Radius des Partikels. Unter Annahme einer gleichmäßigen Verteilung von sphärischen Partikeln kann aus deren Anzahl je Korngrenzfläche eine bremsende Kraft auf die Korngrenze hergeleitet werden. Die Anzahl Partikel je Korngrenzfläche ergibt sich zu

$$N_A = 2aN_V = 2a\frac{f}{^4\!/_3\,\pi a^3} \qquad\qquad \textbf{2.28}$$

mit der Anzahl Partikel je Volumen N_V und dem Volumenanteil der Partikel f [111]. Daraus ergibt sich die maximale Kraft je Korngrenzfläche:

$$P_{zener} = F_{zener} \cdot N_A = \frac{3f\gamma}{2a} \qquad\qquad \textbf{2.29}$$

Diese Kraft muss von der Triebkraft für das Kornwachstum abgezogen werden (vgl. Gleichung 2.15):

$$P_{net} = \frac{2\alpha\gamma}{R} - \frac{3f\gamma}{2a} \qquad\qquad \textbf{2.30}$$

Wenn die mittlere Korngröße einer wachsenden Mikrostruktur einen kritischen Wert erreicht, so ist die effektive Triebkraft null. Dann verhindert die Bremskraft der Partikel die Korngrenzbewegung. Aus Gleichung 2.30 lässt sich diese kritische Korngröße berechnen zu [111]:

$$R_{crit} = \alpha\frac{4a}{3f} \qquad\qquad \textbf{2.31}$$

Diese Gleichung wird auch Zener-Gleichung genannt. Eine Umformung der effektiven Triebkraft des Kornwachstums liefert dann:

$$P_{net} = 2\alpha\gamma\left(\frac{1}{R} - \frac{1}{R_{crit}}\right) \qquad\qquad \textbf{2.32}$$

Für einen unendlich großen kritischen Radius geht diese Gleichung in das Modell von Burke und Turnbull über (vgl. Abschnitt 2.1.4). Auch eine Integration des Zener-Pinnings in das Modell von Hillert wurde betrachtet [5, 112]. Im Gegensatz zum klassischen Ansatz (Abschnitt 2.1.2) resultiert aus diesem Modell keine konstante Partikelgrößenverteilung [5].

Eine analytische Herleitung einer Kornwachstumsgleichung aus Gleichung 2.32 ist ebenfalls möglich und liefert [113]:

$$t(R) = \frac{R_{crit}^2}{\alpha'm\gamma}\left(\frac{R_0 - R}{R_{crit}} + ln\frac{R_0 - R_{crit}}{R - R_{crit}}\right) \qquad\qquad \textbf{2.33}$$

In der Literatur sind nur wenige experimentelle Betrachtungen des Zener-Pinnings zu finden [114]. Allerdings bilden einige Simulationsmodelle dessen Einfluss auf das Kornwachstum ab [113, 115-119]. Von besonderem Interesse für diese Arbeit ist der Einfluss des Zener-Pinnings auf die Korngrößenverteilung. Dieser wurde von mehreren Autoren in zwei Dimensionen simuliert [113, 118, 119]. In allen Fällen erscheint eine Verschiebung der normierten Korngrößenverteilung in Richtung kleinerer Korngrößen. Gleichzeitig steigt die Verteilungsfunktion bei kleinen Korngrößen steiler an (vgl. Abbildung 2.12).

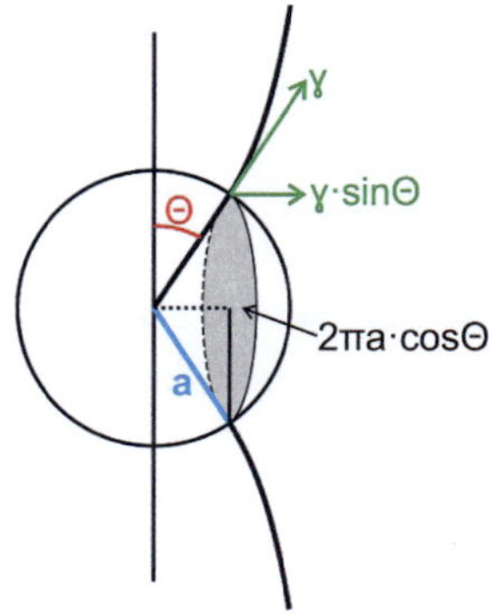

**Abbildung 2.11: Einfluss eines Fremdphasenpartikels auf eine wandernde
Korngrenze (Zener-Pinning) nach [111].**

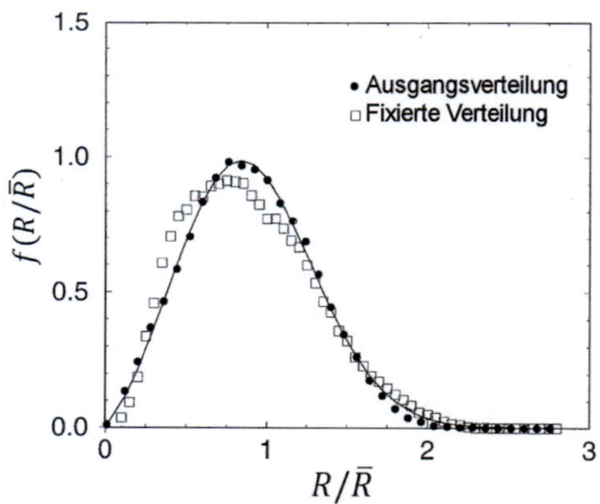

**Abbildung 2.12: normierte Korngrößenverteilungen mit und ohne Berücksichtigung
des Zener-Pinnings aus einer 2D-Kornwachstumssimulation nach [113].**

2.3.3.3 Einfluss von Poren: Pore Drag

Die im Zener-Modell getroffene Annahme von unbeweglichen und gleichmäßig
verteilten Partikeln trifft in der Realität selten zu. Insbesondere Poren können
sich mit einer Korngrenze mitbewegen [120]. Gleiches gilt meist auch für
Fremdphasenpartikel [9].

Wenn eine Korngrenze auf eine Pore trifft, so stellt sich analog zum Zener-
Modell die in Abbildung 2.11 dargestellte Situation ein. Da die daraus resultierende Kraft nicht nur auf die Korngrenze, sondern auch auf die Pore wirkt, folgt

diese der Bewegung der Korngrenze. Die Situation entspricht damit ungefähr dem Modell des Solute Drag (vgl. Abschnitt 2.3.3.1). Wenn die Geschwindigkeit der Korngrenze ausreichend klein ist, reicht die Diffusionsgeschwindigkeit der Poren aus, um diese an der Korngrenze angeheftet zu halten. Daraus resultiert eine starke hemmende Kraft auf die Bewegung der Korngrenze. Bei ausreichend großen Geschwindigkeiten der Korngrenze erfolgt analog zum Mechanismus des Solute Drag ein Losreißen der Korngrenze von den Poren. Daraus resultiert ein Zusammenhang zwischen Triebkraft und Kornwachstum ähnlich zu Abbildung 2.10 mit einem Bereich angehefteter Poren bei kleinen Korngrenzgeschwindigkeiten und einer sich von den Poren losreißenden Korngrenze bei größerer Korngrenzgeschwindigkeit.

Anders als bei Solute Drag liegt eine diskrete Verteilung der Poren vor. Daher beeinflusst die örtliche Verteilung sowie die Größe der Poren das Verhalten der hemmenden Kraft maßgeblich und muss bei der Quantifizierung des Effektes berücksichtigt werden [120].

2.3.3.4 Nukleationsbarrieren

Die Nukleationsbarriere ist eine energetische Barriere, welche die Bewegung atomar glatter Oberflächen behindert. Die Situation ähnelt der Keimbildung in einer abkühlenden Schmelze. Die Barrieren beziehen sich auf atomar glatte Flächen, welche durch ihre Struktur eine niedrige Energie aufweisen. Die Aufbringung einiger Atome als Keim der nächsten Atomlage erzeugt einen Zustand mit höherer Energie. Erst bei einer ausreichenden Größe des Keims ist dieser energetisch stabil und das Aufbringen einer kompletten Atomlage damit möglich. Die für die Bildung dieses Keims nötige Energie stellt die Nukleationsbarriere dar. Eine theoretische Beschreibung für das Entstehen dieser Barriere sowie eine Abschätzung anhand physikalischer Größen findet sich in der Literatur [6, 121-125].

Einige Autoren übertragen diesen Mechanismus auf das Verhalten facettierter Korngrenzen ohne Beschränkung auf mit einer Flüssigphase benetzte Korngrenzen [103]. Die Korngrenze wandert in diesem Fall nach dem sogenannten „Step Growth"-Mechanismus [94, 121, 122], welcher schon vor einiger Zeit theoretisch beschrieben [126] und 2002 in situ beobachtet wurde [127, 128]. Die Annahme der Existenz von Nukleationsbarrieren in facettierten polykristallinen Festkörpern mündet in ein Kornwachstumsmodell, in dem eine Nichtlinearität zwischen der Triebkraft und der Geschwindigkeit des Kornwachstums besteht [94, 103, 121, 122, 129].

Diese Nichtlinearität ist in Abbildung 2.13 skizziert. Unter Annahme diffusionskontrollierten Wachstums ohne weitere Einflussfaktoren ist die Korngrenzgeschwindigkeit proportional zur Triebkraft und die Mobilität daher konstant. Wenn Nukleationsbarrieren angenommen werden, muss eine kritische Triebkraft P_{crit} erreicht werden, um die Nukleationsbarriere zu überwinden und den Wachstumsvorgang auszulösen. Bis zum Erreichen dieser Triebkraft ist die Mobilität null, darüber nimmt sie einen konstanten positiven Wert an. Da die Triebkraft proportional zum Kehrwert der mittleren Korngröße ist (vgl. Abschnitte 2.1.2 und 2.1.4), sinkt diese mit fortschreitendem Kornwachstum, bis sie den kritischen Wert P_{crit} erreicht. Ab diesem Zeitpunkt beziehungsweise dieser Korngröße hemmt die Nukleationsbarriere das Kornwachstum. Der entstehende Zusammenhang zwischen Triebkraft und Korngrenzgeschwindigkeit in Abbildung 2.13 ist dabei dem des Solute Drag sehr ähnlich (Abbildung 2.10). Im Gegensatz zum Solute Drag existiert in dieser Theorie keine Nukleationsbarriere für Triebkräfte kleiner null, also für schrumpfende Körner, da jede Facette vom Rand her ohne Barriere aufgelöst werden kann [129]. Eine theoretische Herleitung ergibt zusätzlich eine stark abnehmende Nukleationsbarriere für schrumpfende Körner, für einen Kornradius von der Hälfte des mittleren Kornradius des Systems verschwindet diese vollständig [6]. Außerdem ist die lokale Triebkraft für ein kleines, sich auflösendes Korn aufgrund der starken Krümmung sehr groß, so dass die Nukleationsbarriere für schrumpfende Körner keine große Rolle spielt. Allerdings kann aus geometrischen Gründen kein Korn schrumpfen, ohne dass ein anderes wächst. Aus diesem Grund müssen entgegen dem in Abbildung 2.13 dargestellten Schema auch für schrumpfende Körner Nukleationsbarrieren vorliegen [6].

Der in Abbildung 2.13 gezeigte Verlauf der Mobilität wurde an $BaTiO_3$ mit Experimenten rekonstruiert [103, 130, 131]. Analog zu den Experimenten der vorliegenden Arbeit (vgl. Abschnitt 3.5) wurde in diesen Studien das Wachstum eines Einkristalls in eine polykristalline Matrix hinein betrachtet. Die Kontrolle der Triebkraft erfolgte über die Einstellung der mittleren Korngröße der polykristallinen Matrix. Ein Wachstum des Einkristalls wurde erst bei ausreichend kleiner Matrixkorngröße und damit ausreichend großer Triebkraft beobachtet, welche nach Ansicht der Autoren der Nukleationsbarriere entspricht.

Die folgenden Abschnitte betrachten einige spezielle Aspekte dieses Modells, welche sich deutlich von der klassischen Theorie unterscheiden und thematisch die Beobachtungen dieser Arbeit betreffen.

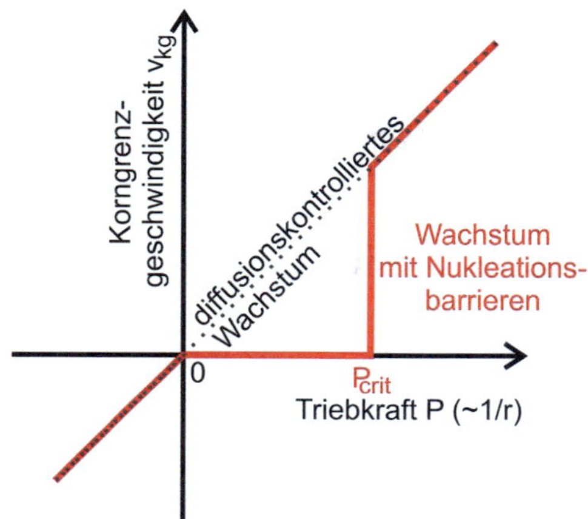

Abbildung 2.13: Einfluss der Nukleationsbarrieren auf den Zusammenhang zwischen Triebkraft und Geschwindigkeit der Korngrenze nach [94, 129].

Facettierung der Korngrenzen

Die Nukleationsbarrieren entstehen durch die energetische Stabilität facettierter Oberflächen. Defekte auf diesen Oberflächen können jedoch einen Keim darstellen und so die Barriere verkleinern oder aufheben [121]. Dieser Zusammenhang wurde beispielsweise für Versetzungen an $SrTiO_3$ [95, 96, 132], Al_2O_3 [131] und Gallium [123, 124] experimentell nachgewiesen. Allerdings entsteht dieser Effekt nur bei Vorliegen einer Flüssigphasenschicht an den Korngrenzen, wie insbesondere ein direkter Vergleich zwischen nassen und trockenen Korngrenzen belegt [96].

Da eine Nukleationsbarriere nur in facettierten Systemen wirken kann, sind die Bedingungen für das Vorliegen facettierter Korngrenzen von besonderer Bedeutung. In Perowskiten besteht ein Zusammenhang zwischen der Leerstellenkonzentration und der Facettierung [40, 102-104, 121, 133-137]. Bei niedriger Leerstellenkonzentration sind die Stufenenergie sowie die Anisotropie der Oberflächenenergie hoch [40]. Deshalb bilden sich facettierte Korngrenzen. Eine steigende Leerstellenkonzentration führt zu einer sinkenden Stufenenergie und sinkender Anisotropie, woraus ein Übergang zu atomar rauen Korngrenzen resultiert.

Die Leerstellenkonzentration kann in Perowskiten durch steigende Temperatur, sinkenden Sauerstoffpartialdruck sowie eine Donatordotierung erhöht werden [102, 138]. Durch diese drei Parameter ist ein Übergang der Korngrenzen von facettiert zu atomar rau erreichbar. So weist undotiertes $SrTiO_3$ in Luft einen thermisch induzierten Übergang zu nicht facettierten Korngrenzen zwischen 1570 °C und 1590 °C auf [139]. Darunter sind die Korngrenzen größtenteils facettiert, wobei {100} die häufigste Orientierung der Korngrenznormalen ist [41, 49, 53, 64, 73, 100, 101]. Bei 1300 °C scheinen allerdings keine {100}-facettierten Korngrenzen mehr zu existieren [140]. Die Facettierungsneigung mit steigender Dotierung und sinkendem Sauerstoffpartialdruck wurde in mehreren Studien beschrieben [102, 104, 121]. Für die vorliegende Arbeit sind die Verhältnisse in undotiertem $SrTiO_3$ unter reinem Sauerstoff und 95 % N_2-5 % H_2 relevant. Nach Chung et al. [104] und Kang et al. [132] reicht die Leerstellenkonzentration in 95 % N_2-5 % H_2 bei 1470 °C nicht aus, um einen Übergang zu atomar rauen Korngrenzen auszulösen, so dass in beiden Fällen facettierte Korngrenzen vorliegen. Im Gegensatz dazu wiesen Bäurer et al. [100] und Shih et al. [101] für $SrTiO_3$ bei 1425 °C in Sauerstoff einen Anteil nicht facettierter Korngrenzen nach.

Die Stöchiometrie der Korngrenze hat ebenfalls einen Einfluss; facettierte Korngrenzen in $BaTiO_3$ zeigen in einer Studie einen Titanüberschuss [141]. In $SrTiO_3$ scheinen sie hingegen eher einen Strontiumüberschuss zu bilden [100, 101].

Abnormales Kornwachstum

Abnormales Kornwachstum erscheint häufig bei gleichzeitigem Vorliegen facettierter und nicht facettierter Korngrenzen [6]. Die Autoren der in diesem Abschnitt angeführten Studien nahmen in vielen Experimenten gezielt Einfluss auf den Anteil facettierter Korngrenzen im System und beobachteten dabei das Auftreten abnormalen Kornwachstums, beispielsweise in $BaTiO_3$ [40, 103, 135, 142, 143] und auch in Nickel [144].

Eine aus diesen Versuchen abgeleitete Hypothese basiert einzig auf dem Vorliegen von facettierten Körnern [102, 121]. Wenn die mittlere Korngröße und damit die Triebkraft für das Kornwachstum ungefähr dem Sprung in Abbildung 2.13 entspricht, dann ist das Wachstum der meisten Körner aufgrund der Nukleationsbarriere gehemmt. Einige sehr große Körner können diese Barriere jedoch überwinden und ungehemmt wachsen. Der Hypothese zufolge sind die Korngrenzen der abnormalen Körner daher immer facettiert, was auch experimentell beobachtet wurde [100-102].

Allerdings ist diese Interpretation nicht allgemein akzeptiert [6], und einige experimentellen Befunde sprechen gegen das Vorliegen von Wachstumsbarrieren.

So liegen in den meisten dokumentierten Fällen facettierte und nicht facettiere Korngrenzen nebeneinander vor [102, 121]. Wenn der Einfluss der Nukleationsbarrieren das abnormale Kornwachstum auslösen würde, so müssten alle facettierten Korngrenzen eine Hemmung erfahren, während die atomar rauen Korngrenzen ungehemmt unter der gleichen Triebkraft wachsen könnten. Das abnormale Kornwachstum müsste dann von den atomar rauen Korngrenzen hervorgerufen werden. Zusätzlich zu den Nukleationsbarrieren muss also ein weiterer Effekt vorliegen, damit die Erklärung durch Nukleationsbarrieren konsistent ist, beispielsweise eine wesentlich größere Mobilität der facettierten im Vergleich zu atomar rauen Korngrenzen [104]. Diese wäre jedoch alleine für sich genommen schon ausreichend, um abnormales Kornwachstum hervorzurufen (vgl. Abschnitt 2.1.3). Der genaue Mechanismus des abnormalen Kornwachstums kann also nicht zweifelsfrei auf Nukleationsbarrieren zurückgeführt werden.

Effekte einer benetzenden Flüssigphase

Der Mechanismus des Wachstums mit Nukleationsbarrieren gilt klassischerweise nur für atomar glatte Oberflächen, welche in einer Flüssigphase wachsen [6, 100, 129, 145, 146]. In den bereits angeführten Veröffentlichungen existieren unterschiedliche Aussagen zur Struktur der Korngrenzen. In vielen Fällen sind bei abnormalen Körnern oder eingebetteten Einkristallen Flüssigphasenschichten an den Korngrenzen dokumentiert, wobei häufig eine Zunahme der Dicke dieser Schichten mit der Wachstumslänge zu beobachten ist [94, 130, 147, 148]. Die Autoren erklären diesen Effekt mit einer Ansammlung von im Gitter unlöslichen Atomen nach dem Schema des Solute Drag (vgl. Abschnitt 2.3.3.1). Eine geringere Geschwindigkeit nasser Korngrenzen im Vergleich zu trockenen wurde ebenfalls beobachtet [94]. Wie bereits in Abschnitt 2.3.2 erwähnt wurde, ist eine Koexistenz von zwei unterschiedlichen Korngrenzzuständen möglich, und zwar trockene Korngrenzen und Korngrenzen mit einer intergranularen amorphen Schicht [94].

Allerdings wurde in einem Fall die in Abbildung 2.13 skizzierte Kurve experimentell rekonstruiert, wobei die Korngrenzen mittels hochauflösenden TEM-Untersuchungen als trocken identifiziert werden konnten [103]. Nach Meinung der Autoren gilt das Modell der Nukleationsbarrieren also auch für trockene und nicht nur für von einer Flüssigphasenschicht benetzte Korngrenzen.

2.3.4 Experimente zur Messung der Korngrenzmobilität

Mit vielen experimentellen Ansätzen können Informationen über die Korngrenzmobilität gewonnen werden. Allerdings ist in den meisten Fällen eine Trennung der Korngrenzmobilität von der Korngrenzenergie nicht möglich. Die einfachste Möglichkeit ist die Betrachtung des isothermen Kornwachstums in einem Polykristall mit der Zeit. Das Modell von Burke und Turnbull ermöglicht daraus die Ermittlung des Kornwachstumsfaktors $k = 2\alpha m\gamma$, der sowohl die Mobilität als auch die Korngrenzenergie enthält (vgl. Gleichung 2.17). Für Al_2O_3 ist dieser Parameter beispielsweise umfassend dokumentiert [78].

Bei $SrTiO_3$ wurde mit dieser Methode eine Wachstumsanomalie beobachtet [79, 149], wie in Abbildung 2.14 zu erkennen ist. Die Grafik zeigt den Kornwachstumsfaktor k über der inversen Temperatur beziehungsweise $1/kT$. Der Wachstumsfaktor wurde der Entwicklung der mittleren Korngröße durch Anpassen der Gleichung 2.17 entnommen. Da das Kornwachstum ein thermisch aktivierter Vorgang ist, steigt dessen Geschwindigkeit exponentiell mit der Temperatur entsprechend einer Arrhenius-Gleichung an, solange keine grundsätzliche Änderung der Korngrenzstruktur oder des Wachstumsmechanismus entsteht. Ein solches Verhalten ergäbe eine gerade Linie mit negativer Steigung in einem Arrhenius-Diagramm wie Abbildung 2.14. Tatsächlich beobachtet werden jedoch drei Abschnitte, gleichbedeutend mit drei unterschiedlichen Arrhenius-Gleichungen. Bei zwei Temperaturen erfolgt eine Abnahme der Kornwachstumsrate um eine beziehungsweise mehr als zwei Größenordnungen. Für dieses Verhalten konnte bisher keine eindeutige Erklärung gefunden werden; ein direkter Zusammenhang mit der Struktur der Korngrenze analog zu Al_2O_3 [78] konnte bislang nicht bewiesen werden [100, 101].

Die Betrachtung der Entwicklung der mittleren Korngröße eines Polykristalls ermöglicht keine Trennung von Korngrenzmobilität und Korngrenzenergie. Zusätzlich ist eine Anisotropie wegen der Betrachtung durchschnittlicher Kenngrößen nicht sichtbar.

Experimente an Bikristallen oder Trikristallen ermöglichen die direkte Beobachtung einer Anisotropie der Korngrenzmobilität. Dabei wird über die Formgebung der Kristalle eine Grenzfläche mit definierter Krümmung erzeugt, welche entsprechend der Oberflächenspannung die Triebkraft für die Bewegung dieser Grenzfläche bereitstellt. Diese Methode wurde bisher nur an Metallen angewendet [150-153], im Rahmen der vorliegenden Studie wurde allerdings die Machbarkeit auch für $SrTiO_3$ nachgewiesen (vgl. Anhang B). Im Fall des krümmungsgetriebenen Wachstums ist die Trennung von Energie und Mobilität nicht möglich, weil die Triebkraft von der Korngrenzenergie der gekrümmten Grenzfläche abhängt. Eine Alternative besteht in der Verwendung anderer Triebkräfte, beispielsweise magnetischer Art [154].

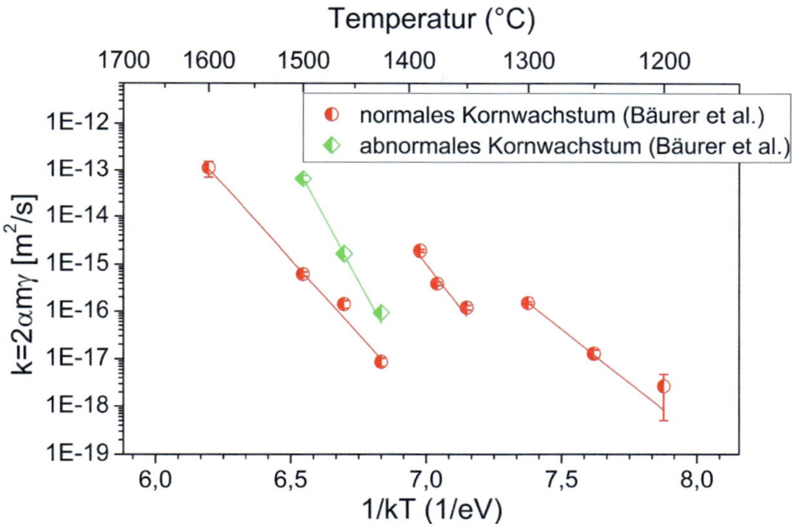

Abbildung 2.14: Kornwachstumsanomalie von SrTiO₃ nach [79]. Die durchgezogenen Linien entsprechen einer angepassten Arrhenius-Gleichung an die jeweiligen Punkte.

Da für die vollständige Charakterisierung einer Korngrenze fünf Parameter nötig sind (vgl. Abschnitt 2.2.4), ist eine umfassende Charakterisierung der Anisotropie mittels Bikristallen zu aufwändig. Ein vereinfachender Ansatz ist die Betrachtung eines einkristallinen Keims, welcher in eine polykristalline Matrix hineinwächst. In diesem Experiment kann die Orientierung des Einkristalls relativ zur Wachstumsfront vorgegeben werden, wodurch nur noch zwei Parameter zur Beschreibung der Grenzfläche nötig sind. Die Triebkraft entsteht in diesem Fall durch die Korngrenzen des Polykristalls, welche an die Grenzfläche des Einkristalls stoßen. Da diese Triebkraft wiederum eine Kapillarkraft ist, liegt auch eine Abhängigkeit von der Korngrenzenergie vor. Allerdings ist die Energie zwischen den Körnern der polykristallinen Matrix maßgebend, nicht die der Grenzfläche zwischen Einkristall und Polykristall. Für diese Korngrenzenergie der Matrix kann wegen der großen Anzahl von Korngrenzen ein mittlerer Wert angenommen werden. Da in diesem Versuch die Triebkraft sowie die beobachtete Grenzfläche räumlich getrennt sind, kann dieser Versuch verwendet werden, um beispielsweise unterschiedliche Orientierungen des Einkristalls miteinander zu vergleichen (vgl. Abschnitt 4.2).

Das Wachstum einkristalliner Keime in eine polykristalline Matrix hinein wurde in vielen Studien betrachtet. Al_2O_3 weist beispielsweise eine starke Abhängigkeit des Wachstums von der Dotierung auf [155-157], wobei das Wachstum des Einkristalls um Faktor 15 schneller sein kann als das der Matrix [155]. Je nach Dotierung erfolgt das Wachstum des Einkristalls trotz ansteigender Korngröße linear mit der Zeit [155, 157]. Da mit steigender Korngröße die Triebkraft fällt, sinkt normalerweise auch die Wachstumsrate. Diese Effekte werden mit einer Änderung der Facettierung durch die Dotierung in Zusammenhang gebracht, wobei ein lineares Wachstum des Einkristalls bei facettierten und ein parabolisches bei rauen Korngrenzen stattfindet [158-160]. Eine Flüssigphasenschicht an den Korngrenzen führt in Al_2O_3 zu einer Abhängigkeit der Mobilität von Versetzungen im Einkristall [131]. Die Anisotropie der Mobilität unterschiedlicher kristallografischer Orientierungen wurde an Al_2O_3 ebenfalls untersucht [157, 161].

Zu $BaTiO_3$ existieren mehrere Studien dieser Art. So beobachteten Yoon et al. den Einfluss einer einige Nanometer dicken amorphen Schicht auf das Wachstum eines Einkristalls bei 1350 °C in Luft [94]. Die Schichtdicke stieg mit fortschreitendem Wachstum an, gleichzeitig sank die Wachstumsrate. Die Autoren folgerten aus dieser Hemmung ein diffusionskontrolliertes Wachstum des Einkristalls.

An et al. führten einen Modellversuch zur Betrachtung der Nukleationsbarrieren durch (vgl. Abschnitt 2.3.3.4), wobei einkristalline Keime in eine polykristalline Matrix hineinwuchsen [103]. Die Korngröße des Polykristalls diente dabei zur Variation der Triebkraft. Das Wachstum erfolgte bei 1335 °C in Luft. TEM-Aufnahmen dokumentierten trockene Korngrenzen ohne amorphe Schicht. Die Grenzfläche mit {100}-Orientierung zeigte eine um den Faktor 1,5 höhere Mobilität verglichen mit der {210}-Orientierung. In dieser Studie wurden zwei Effekte beobachtet, die zu einer Hemmung des Kornwachstums führten. Der eine trat bei kleinen Triebkräften auf und entstand den Autoren zufolge durch eine Nukleationsbarriere. Der zweite hemmte das Wachstum bei sehr großen Triebkräften. Die Autoren machten in diesem Fall Pinning-Effekte von Fremdphasenansammlungen in den Tripeltaschen für den Effekt verantwortlich.

Drei Studien befassen sich mit dem Wachstum von Einkristallen in $SrTiO_3$, ebenfalls zur Untersuchung der Nukleationsbarriere [95, 104, 132]. Die Autoren verwendeten relativ unreines Pulver (0,1-0,2 % Verunreinigungen, darunter auch Silicium) mit Titanüberschuss, so dass eine benetzende Flüssigphase vorhanden war [95]. Das Wachstum erfolgte jeweils in eine poröse Matrix, da die einkristallinen Keime in ein Pulver eingebracht und mit diesem versintert wurden. Die ältere Studie belegt bei 1470°C in Luft eine ungefähr um den Faktor 2 größere Wachstumslänge der {100}-Orientierung verglichen mit {110} [95].

In den anderen beiden Studien wurde der Sauerstoffpartialdruck sowie der Anteil der Donatordotierung variiert, um die Konzentration von Leerstellen im Material zu verändern [104, 132]. Die Temperatur betrug dabei 1470°C, als Haltezeit wählten die Autoren 2 h. Die Wachstumsgeschwindigkeit der {100}-Orientierung war auch in diesen Fällen größer als die der {110}-Orientierung. In oxidierender Atmosphäre verringerte eine Donatordotierung die Wachstumsgeschwindigkeit, in reduzierender Atmosphäre bewirkte sie das Gegenteil. Bei undotiertem Material erzeugte ein Übergang von oxidierender Atmosphäre zu 95 % N_2 – 5 % H_2 keine signifikante Änderung des Wachstums. In beiden Fällen wuchs die {100}-Orientierung während der Haltezeit ungefähr 100 µm und die {110}-Orientierung ungefähr 30 µm [104, 132]. Damit wuchs die {100}-Orientierung ungefähr um den Faktor 3 weiter als die {110}-Orientierung. Die Autoren erklärten dieses Verhalten mit der Defektchemie von $SrTiO_3$ [104].

Insgesamt ist nur wenig Information zur Anisotropie der Korngrenzmobilität in Perowskiten verfügbar. Für $SrTiO_3$ wurden bisher nur zwei Orientierungen betrachtet, wobei die Daten keine Quantifizierung der Mobilität zulassen.

2.4 Kornmorphologie

Die Ausbildung der Form eines Kristalls oder Korns hängt von dessen Wachstumsrate ab. Sofern kein Wachstum vorliegt, ist die statische Gleichgewichtsform des Kristalls aus den Oberflächen mit der niedrigsten Energie zusammengesetzt (Wulff-Form, vgl. Abschnitt 2.2). Poren oder kleinen Partikel weisen beispielsweise solche Formen auf.

Wenn ein ausgeprägtes Wachstum des Partikels vorliegt, verliert die Oberflächenenergie an Bedeutung. In diesem Fall bedingt die Mobilität der betrachteten Grenzflächen die Form des Kristalls. Diese Situation ist in Abbildung 2.15 skizziert. Wenn eine langsame (A) und eine schnelle Kristalloberfläche (B) nebeneinander vorliegen, so vergrößert das Wachstum von B an dessen Rand die Fläche von A, bis schließlich die Grenzfläche B komplett in den langsameren Typ A umgewandelt ist. Nach diesem Modell verschwinden bei einem stark wachsenden Kristall die schnelleren Oberflächen zugunsten der langsameren. Im Gegensatz zur Wulff-Form ist die dynamische Gleichgewichtsform dieses wachsenden Kristalls also durch die Oberflächen mit der geringsten Mobilität gegeben.

Formen wachsender Kristalle wurden in der Literatur in einigen Fällen dokumentiert. Sano et al. untersuchten in $SrTiO_3$ bei 1500 °C in Luft das Wachstum einzelner Kristalle in eine titanreiche Schmelze [145]. Die dabei beobachteten Formen sind würfelförmig aus {100}-Orientierungen zusammengesetzt, insbesondere Orientierungen um {111} wurden nicht beobachtet. Diese Form steht im deutlichen Gegensatz zur von der gleichen Arbeitsgruppe ermittelten Wulff-Form [41], wobei diese natürlich die Form eines Kristalls in Luft und nicht in einer Schmelze beschreibt und ein direkter Vergleich nur eingeschränkt aussagefähig ist. Allerdings können abnormale Körner in $SrTiO_3$ ohne Flüssigphase ebenfalls eine würfelförmige Gestalt ohne {110}- oder {111}-Orientierungen aufweisen [101] und sich damit deutlich von der Wulff-Form unterscheiden, welche sowohl {110}- als auch {111}-Orientierungen enthält. Die Würfelform entspricht also eher einer durch die Korngrenzmobilität als durch die Oberflächenenergie begründeten Form.

Die Unterscheidung zwischen von Korngrenzenergie und Korngrenzmobilität bedingter Form eines Kristalls ist nicht immer eindeutig möglich. So ist nicht definiert, unter welchen Bedingungen und in welcher Art ein Übergang von einer energetisch bedingten Kristallform zu einer mobilitätsbedingten Kristallform stattfindet. In einem realen, langsam wachsenden Gefüge kann eine Kornform relativ nahe der Wulff-Form beobachtet werden, wie in Abschnitt 2.2.4 zusammengefasst wurde. Die Kornmorphologie eines Polykristalls entspricht im Groben also der Morphologie eines freien Partikels und ist damit von der Oberflächenenergie vorgegeben, nicht von dessen Korngrenzmobilität [62].

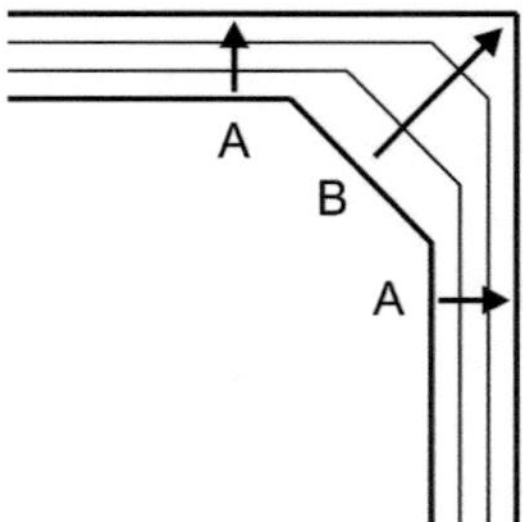

Abbildung 2.15: Wachstum einer langsamen (A) und einer schnellen (B) Kristalloberfläche nach [16].

3. Experimentelles

Die vorliegende Studie befasst sich mit der experimentellen Trennung von Korngrenzmobilität und Oberflächenenergie mit besonderem Schwerpunkt auf der Anisotropie. Die Versuche umfassten die Synthese der Ausgangsmaterialien, die Durchführung unterschiedlicher Wärmebehandlungen sowie verschiedene elektronenmikroskopische Methoden. In den folgenden Abschnitten werden die Details dieser Verfahren beschrieben.

3.1 Herstellung der Pulver und Grünkörper

Die Herstellung des in dieser Arbeit verwendeten keramischen Pulvers erfolgte nach dem Mischoxidverfahren. Als Ausgangsstoffe standen Strontiumcarbonat (SrCO3, Sigma-Aldrich, Prod.Nr. 472018, 99,9+ % Reinheit) sowie Titanoxid (TiO2, Sigma-Aldrich, Prod.Nr. 224227, 99,9+ % Reinheit) zur Verfügung. Die tatsächliche Reinheit liegt nach den Datenblättern der Hersteller bei 99,995 % für Titanoxid und bei 99,95 % für Strontiumcarbonat. Die geringere Reinheit des $SrCO_3$ ist hauptsächlich durch Barium und Calcium begründet, welche als Titanat mit $SrTiO_3$ eine lückenlose Mischkristallreihe bilden und daher die Materialeigenschaften nicht signifikant beeinflussen [162]. Die verwendeten Chargen der Rohstoffe sind für $SrCO_3$ MKBH9324V, MKBF9318V, MKBC0569 und 12126HH und für TiO_2 MKBD4537V, MKBD7537V, 15127JH und MKBB8639.

Die Stöchiometrie (Strontium/Titan-Verhältnis) der hergestellten Pulver betrug 0,98, 0,996, 1, 1,02 und 1,05. Die Pulver wurden in einem Polyamidbecher (11 cm Durchmesser, 12 cm Tiefe) mit Zirkonoxidmahlkugeln (YTZ, Tosoh, 2 mm Durchmesser), einem Polyamidrührer und Isopropanol vier Stunden bei 1000 min^{-1} attritiert. Die Trocknung dieser Suspension erfolgte im Rotationsverdampfer sowie im Vakuumtrockenschrank. Anschließend wurde das Pulver gesiebt (160 µm und 60 µm Maschenweite) und in einem Kammerofen kalziniert (975 °C, 6 h, Luft). Die dabei gebildeten Agglomerate reduzierte ein Mahlvorgang in einer Planetenkugelmühle mit Zirkonoxidmahlkugeln (YTZ, Tosoh, 10 mm Durchmesser) in einem Polyamidbecher (11 cm Durchmesser, 8 cm Tiefe) mit Isopropanol (300 min^{-1}, 16 h). Die Trocknung erfolgte abermals im Rotationsverdampfer und Vakuumtrockenschrank, gefolgt von einem Siebvorgang mit 160 µm Maschenweite.

Die so hergestellten Pulver wurden mittels Axialpressen (20 MPa) zu zylindrischen Tabletten mit 15 mm Durchmesser und ungefähr 6 mm Dicke gepresst und mittels kaltisostatischem Pressen nachverdichtet (CIP, 400 MPa). Die

Grünkörper wurden anschließend mindestens 12 h bei 100 °C im Vakuumtrockenschrank getrocknet und hinterher im Exsikkator gelagert.

Eine experimentelle Ermittlung der in den synthetisierten Pulvern enthaltenen Verunreinigungen findet sich in der Literatur [163], die Herstellung der Pulver ist identisch mit denen dieser Arbeit. Einzig nennenswerte Anteile von Verunreinigungen entstehen durch Zirkonium (600 ppm), Calcium (250 ppm) und Barium (100 ppm). Das Zirkonium entstammt den Mahlkugeln aus ZrO_2, es besetzt aufgrund ähnlichem Ionenradius und gleicher Wertigkeit den B-Platz, woraus ein geringer Titanüberschuss relativ zur Einwaage resultiert. Wie bereits erwähnt, trifft das Gleiche bezüglich dem A-Platz für Calcium und Barium zu. Eine Veränderung der Stöchiometrie tritt in diesem Fall allerdings nicht ein, da diese beiden Elemente bereits in den Rohstoffen enthalten und daher bei der Einwaage berücksichtigt sind. Eine ausführliche Diskussion der Verunreinigungen kann der Literatur entnommen werden [100, 163].

3.2 Allgemeines zu den Temperaturbehandlungen

Zur Durchführung der Wärmebehandlungen standen unterschiedliche Öfen zur Verfügung. Dieser Abschnitt fasst die Prozessparameter zusammen, die in allen Versuchen unverändert verwendet wurden. Abweichungen davon beziehungsweise weitere Details sind an betreffender Stelle in den folgenden Abschnitten angemerkt. Die Parameter für jeden Ofen sind in Tabelle 3.1 zusammengefasst.

Der Rohrofen vom Typ HRTV70-250 (Gero GmbH, Deutschland) ist mit einer Abschreckvorrichtung ausgestattet, welche ein Entfernen der Probe aus der heißen Zone des Ofens ermöglicht. Die entstehende Abkühlkurve von 1600 °C ist in Abbildung 3.1 dargestellt. Das Thermoelement war in diesem Versuch ohne Abdeckung direkt neben der Probe positioniert, die gemessene Temperatur stimmt also annähernd mit der der Probe überein. In der ersten Minute erfolgt eine Abkühlung um 300 K, nach 2 Minuten beträgt die Temperatur des Systems nur noch 1000 °C.

In den Rohröfen kamen zwei unterschiedliche Prozessgase zur Anwendung. Der Sauerstoff wurde unter der Bezeichnung GA201 (Linde AG, Deutschland) bezogen. Das zweite Prozessgas war 95/5-Formiergas bestehend aus 95 % Stickstoff und 5 % Wasserstoff, ebenfalls geliefert von der Firma Linde. Diese Zusammensetzung erzeugte einen Sauerstoffpartialdruck von ungefähr $8 \cdot 10^{-7}$ ppm. Dieser Wert wurde bei 1380 °C in einem Rohrofen Gero HTRH70-600/17 mit einer λ-Sonde XS20B-800 und einem Sauerstoffmessgerät SGM5T-3 (Zirox GmbH, Deutschland) gemessen und entspricht ungefähr

$8 \cdot 10^{-8}$ Pa. Ähnliche Werte in der Literatur betragen etwa 10^{-7} Pa [104, 132], $6{,}3 \cdot 10^{-11}$ Pa [40] oder $2 \cdot 10^{-11}$ Pa [136]. Die Streuung wird vermutlich durch das Material der Ofenauskleidung (Al_2O_3) verursacht.

Bei der Verwendung eines Prozessgases erfolgte vor der Wärmebehandlung ein dreifaches Spülen des Ofenraums unter Verwendung einer Vakuumpumpe.

In N_2-H_2 ist das Sintern auf die geforderte relative Dichte von über 99 % nicht möglich. Daher wurden die entsprechenden Proben zunächst in Sauerstoff dichtgesintert (1425 °C, 1 h, Ofentyp Gero HRTV70-250). Die Kinetik der Oxidations- und Reduktionsreaktion ist in Perowskiten bei allen betrachteten Temperaturen sehr schnell [164], so dass diese Vorbehandlung bei späteren Glühzeiten nicht ins Gewicht fällt und vernachlässigt werden kann.

Ofentyp	Aufheizrate [K/min]	Abkühlrate [K/min]	Prozessgase	Durchfluss [l/h]
Kammerofen Nabertherm 1700	20	10	Luft	-
Rohrofen Gero F70-500/13	10	10	Luft	-
Rohrofen Gero HTRH70-600/17	10	10	O_2 N_2-H_2	14 10,5
Rohrofen Gero HRTV70-250	20	10 oder >100	O_2 N_2-H_2	6 4,5
Kammerofen Gero HTK 16 K	10	10	Luft	-
Heißpresse Amsler DSM 3.6101	15	10	Luft	-

Tabelle 3.1: in der vorliegenden Studie verwendete Öfen sowie Prozessparameter.

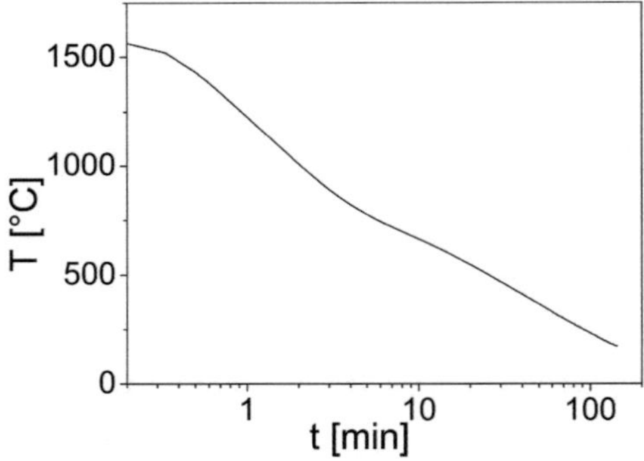

**Abbildung 3.1: Abkühlkurve des Abschreckvorgangs im Rohrofen
Gero HRTV70-250.**

3.3 Metallografie

Die metallografische Bearbeitung der Proben war in allen Fällen sehr ähnlich,
spezielle Behandlungen sind in den jeweiligen Abschnitten beschrieben. Die
Sinterkörper wurden zunächst in einer Präzisionstrennmaschine (Accutom-5,
Struers GmbH, Dänemark) getrennt, üblicherweise in 1 mm dicke Scheiben.
Die Randstücke kamen nicht zur Verwendung. Nach einer Kalteinbettung erfolgte eine Politur zu optisch spiegelnden Oberflächen mit einer Poliermaschine
(Saphir 350E/Rubin 520, ATM GmbH, Deutschland). Die verwendeten Polier-
mittel sind in Tabelle 3.2 aufgelistet. Der Anpressdruck betrug je nach Größe
der zu polierender Fläche 1,6 - 2 bar.

Poliermittel	Dauer
Diamantfolie (metallgebunden) 20 µm	1 - 2 min
Diamantfolie (kunstharzgebunden) 30 µm	5 min
Diamantfolie (kunstharzgebunden) 10 µm	15 min
Diamantfolie (kunstharzgebunden) 2 µm	20 min
Poliertuch mit Diamantsuspension 1 µm	20 min
Poliertuch mit Diamantsuspension 0,25 µm	20 min

**Tabelle 3.2: verwendete Prozessparameter für die Probenpolitur. Die Diamantfolien
stammten von der Firma Buehler (Typ Ultra-Prep, Buehler GmbH, USA), die Diamantsuspensionen von der Firma ATM (Diamantsuspension polykristallin
auf Wasserbasis).**

3.4 Rasterelektronenmikroskopie

Für fast alle Untersuchungen wurde ein Rasterelektronenmikroskop (REM) des Typs Leo Stereoscan 440 (Leica beziehungsweise Zeiss, Deutschland) verwendet. Außer für Beobachtungen angeschliffener Poren (Abschnitt 3.6) und von Zweitphase an Korngrenzen (Abschnitt 3.9) wurde eine thermische Ätzung in einem Kammerofen (Typ 1700, Nabertherm) in Luft durchgeführt. Je nach zu erwartender Korngröße wurde unterschiedlich stark thermisch geätzt (1115 - 1150 °C, jeweils 3 h, Luft). Bei diesen Temperaturen ist bei den vorliegenden Korngrößen keinerlei Kornwachstum zu beobachten [79], allerdings werden Oberflächen und Korngrenzstrukturen möglicherweise verändert. Zur Sicherstellung der elektrischen Leitfähigkeit erfolgte eine möglichst dünne Bedampfung mit Gold oder Kohlenstoff (SEM Coating Unit PS3, Agar Scientific, England).

Die REM-Aufnahmen wurden meist mit einem Sekundärelektronendetektor (Everhart-Thornley-Detektor) durchgeführt, der teilsensitiv für Rückstreuelektronen ist und daher die Ausnutzung des Channeling-Kontrastes [165] ermöglicht. Dieser von der kristallografischen Orientierung abhängige Kontrast ermöglicht auch bei wenig oder nicht geätzten Flächen ein zuverlässiges Erkennen der Mikrostruktur. Allerdings ist eine sorgfältige Auswahl der Strahlparameter notwendig, die besten Ergebnisse können mit Beschleunigungsspannungen von 10 - 15 kV und Strahlströmen von 200 - 3000 pA erzielt werden. Kleine Korngrößen erfordern dabei geringere Werte beider Parameter.

Die Betrachtung von Zweitphasenschichten erfolgte mit einem Rückstreuelektronendetektor, die Strahleinstellungen waren ähnlich. Da die Emission von Rückstreuelektronen mit steigender Ordnungszahl der Atome zunimmt [165], entsteht ein Kontrastunterschied zwischen chemisch unterschiedlich zusammengesetzten Bereichen. Das Signal des Detektors ist in dieser Aufnahmemethode invertiert, Bereiche mit im Durchschnitt leichteren Atomen erscheinen daher heller als Bereiche mit schwereren.

Zur Charakterisierung von im Gefüge vorhandener Zweitphase wurden EDX-Messungen durchgeführt. Es stand ein Si-Li-Detektor (M-Serie, Energieauflösung 133 eV) der Firma Röntec (heute Bruker AXS GmbH, Deutschland) zur Verfügung. Die zu untersuchenden Proben wurden ungeätzt mit Kohlenstoff beschichtet. Die Beschleunigungsspannung betrug 20 kV, der Probenstrom wurde auf einen Wert angepasst, welcher eine Zählrate der Röntgenquanten von ungefähr 1000 sec^{-1} am EDX-Detektor erzeugt. Die Messzeit betrug 300 Sekunden je Messung. Die Quantifizierung erfolgte standardfrei im Automatikmodus (Softwareversion 3.74/3.0Deu). Die laterale Auflösung liegt entsprechend der Eindringtiefe der Elektronen in der Größenordnung weniger Mikrometer [165].

3.5 Proben zur Ermittlung der Korngrenzmobilität

Wie in Abschnitt 2.3.4 zusammengefasst, erfordert die Trennung der Korngrenzmobilität von der Korngrenzenergie eine besondere Probengeometrie. In der vorliegenden Arbeit wurde der Modellversuch in Abbildung 3.2 a gewählt. Die Probe besteht aus einem Verbund eines Einkristalls mit einem möglichst feinkörnigen Polykristall. Ziel des Versuchs ist die Messung der Mobilität der Grenzfläche zwischen Polykristall und Einkristall. Die Bewegung dieser Grenzfläche wird durch die Triebkraft ausgelöst, die der Spannung der Korngrenzen entspricht, welche an die Grenzfläche stoßen (rote Pfeile in Abbildung 3.2 a). Daher ist die Triebkraft nur von der Energie der Korngrenzen der Matrix abhängig, nicht von der Energie der Grenzfläche zwischen Einkristall und Polykristall. Die geforderte Trennung der Korngrenzmobilität von der Korngrenzenergie der betrachteten Grenzfläche ist also gegeben.

a

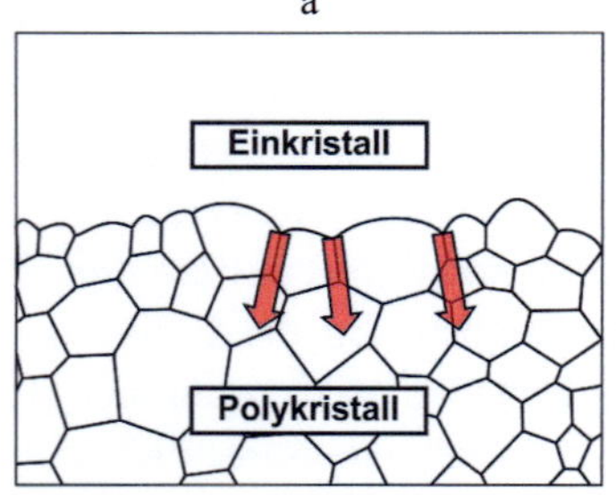

b

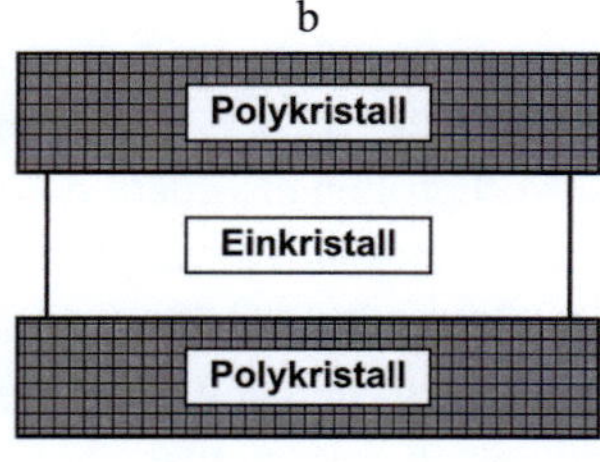

Abbildung 3.2: Modellversuch zur Trennung von Korngrenzenergie und Korngrenzmobilität. a Skizze des Probenaufbaus, b experimentelle Realisierung.

Durch die im Vergleich zum Einkristall geringe Korngröße der Matrix stoßen sehr viele Korngrenzen an die gemeinsame Grenzfläche, weshalb die Anisotropie der Matrixkörner vernachlässigt werden kann [161]. Stattdessen können die Eigenschaften der Matrix durch eine mittlere Korngrenzenergie und eine mittlere Korngrenzmobilität angenähert werden. Deren Werte sind im Kornwachstumsfaktor $k = 2\alpha m\gamma$ enthalten, welcher dem Kornwachstum der Matrix entnommen werden kann, indem die Kornwachstumsgleichung von

Burke und Turnbull (Gleichung 2.17) an das Wachstum der mittleren Korngröße angepasst wird [79].

Das Ergebnis dieses Experiments ist die Mobilität der Grenzfläche zwischen Einkristall und Matrix relativ zur mittleren Mobilität des Polykristalls. Die Durchführung dieses Versuchs mit mehreren unterschiedlich orientierten Einkristallen erlaubt den direkten Vergleich der Korngrenzmobilität und macht dadurch die Anisotropie quantifizierbar.

Die Auswertung benötigt eine formelle Beschreibung der Wachstumskinetik, welche in Abschnitt 3.5.4 hergeleitet wird. Weiterhin folgt in den nächsten Abschnitten eine Beschreibung der Probenherstellung, der Versuchsdurchführung sowie der Datenauswertung.

3.5.1 Probenherstellung

Das im vorherigen Abschnitt vorgestellte Modellexperiment benötigt einen Verbund aus Einkristall und Polykristall. Der einfachste Aufbau ist der in Abbildung 3.2 b, welcher aus zwei auf einen Einkristall aufgesinterten Polykristallen besteht. Die Oberflächen des Einkristalls sind auf beiden Seiten gleich orientiert, so dass dieser Aufbau zwei gleichwertige Grenzflächen produziert und damit Aussagen über die Streuung des Experiments ermöglicht.

Zur Herstellung der polykristallinen Matrix wurden Grünkörper mit einem Sr/Ti-Verhältnis von 1 (vgl. Abschnitt 3.1) in einem Rohrofen (Typ HTRV70-250, Gero GmbH, Deutschland) gesintert, wobei die Sinterbedingungen so gewählt wurden, dass ein dichtes, möglichst feinkörniges Gefüge entsteht (1425 °C, 1 h in O_2, mittlere Korngröße 1,97 µm). Nach dem Sintern wurde die Dichte nach dem Auftriebsprinzip von Archimedes gemessen, die Werte lagen bei 99,5 ± 0,2 % der absoluten Dichte von 5,132 g/cm³. Die Proben wurden anschließend in ungefähr 1 mm dicke Scheiben getrennt, wobei die Randstücke nicht zur Verwendung kamen. Die Scheiben wurden optisch spiegelnd poliert und anschließend in der Mitte getrennt, um eine ähnliche Größe wie die der Einkristalle (6x12 mm²) zu erhalten.

Die verwendeten Einkristalle wurden von der Firma SurfaceNet GmbH (Rheine, Deutschland) nach dem Verneuil-Verfahren hergestellt und lagen als Scheiben der Größe 10x4,5x1 mm³ oder 10x4,5x0,5 mm³ mit beidseitig optisch spiegelnden Oberflächen vor (chemisch-mechanische Politur, CMP). Die Auswahl der Orientierungen fiel auf {100}, {110}, {111} und {310}, welche energetisch günstige Oberflächen des Materials darstellen und daher von besonderer Bedeutung sind.

Vor der weiteren Verarbeitung wurden die Polykristalle manuell auf einer Diamantpolierfolie (30 µm, kunstharzgebunden, Ultra-Prep, Buehler GmbH, USA) abgerieben, um einige grobe Kratzer auf die polierte Fläche aufzubringen. Diese Kratzer bleiben beim Zusammensintern als Poren an der Fügefläche sichtbar und markieren so die ursprüngliche Lage der Grenzfläche zwischen Matrix und Einkristall für die Messung des Wachstums [155]. Vor der weiteren Verarbeitung wurden sowohl Einkristall als auch Matrix gründlich im Ultraschallbad in Aceton gereinigt, um eine Verunreinigung der Grenzfläche zu vermeiden.

Die Verbunde wurden durch Übereinanderlegen zweier polykristalliner Scheiben mit einem Einkristall dazwischen vorbereitet, wobei ausschließlich polierte Oberflächen in Kontakt kamen. Fügehilfen wie organische Klebstoffe kamen nicht zur Anwendung, um die Grenzflächen nicht zu verunreinigen. Diese Verbunde wurden zwischen zwei Auflageplatten aus Al_2O_3 gelegt. Etwas ZrO_2-Pulver mit sehr geringer Sinteraktivität (SC30, MEL Chemicals, England) verhinderte das Festsintern der Polykristalle auf der Auflage. Das Zusammensintern der Verbunde erfolgte in einer Prüfmaschine (Typ DSM 3.6101, Amsler AG, Schweiz) mit angebautem Ofen (Typ HTR-A120/250/17, Gero) bei 1430 °C für 20 min in Luft. Dabei wurde während des Aufheizens (15 K/min) und der Haltezeit ein axialer Pressdruck von 1 MPa ausgeübt, das Abkühlen (10 K/min) erfolgte ohne Last.

Nach dem Zusammensintern wurde anhaftendes ZrO_2-Pulver mittels SiC-Schleifpapier entfernt und die Probe abermals gründlich im Ultraschallbad gereinigt, um eine Verunreinigung bei späteren Temperaturbehandlungen zu vermeiden.

3.5.2 Versuchsdurchführung

Die Anisotropie der Korngrenzmobilität stützt sich auf die gleichzeitige Betrachtung mehrerer kristallografischer Orientierungen unter identischen Versuchsbedingungen. Diese sind durch die Verwendung untereinander gleichwertiger Matrixmaterialien gewährleistet, zusätzlich erfolgte eine simultane Wärmebehandlung aller vier Proben (Orientierungen {100}, {110}, {111} und {310}) in der gleichen Ofenfahrt. Der Versuchsablauf gliedert sich dabei wie folgt.

Zunächst wurde von jeder Probe eine Scheibe abgetrennt, um das Wachstum der Einkristalle während der Herstellung zu dokumentieren. Die eigentlichen Messungen wurden später um eben diesen Wert korrigiert. Danach erfolgte eine Wärmebehandlung aller vier Proben, nach der wiederum ein Stück von jeder

Probe abgetrennt wurde (vgl. Abbildung 3.3). Dieser Schritt wurde mehrfach wiederholt, um die Wachstumslänge nach mehreren Haltezeiten zu dokumentieren. Zu beachten ist dabei, dass die einzelnen Haltezeiten aufaddiert werden müssen, um die tatsächliche Haltezeit zu erhalten. Tabelle 3.3 zeigt eine Übersicht der in dieser Arbeit durchgeführten Versuche. Sofern nicht anders aufgeführt, erfolgte das Aufheizen jeweils mit 20 K/min. Die Abkühlrate betrug bei Temperaturen unterhalb von 1460 °C 10 K/min, bei höheren Temperaturen wurden die Proben mit mehreren 100 K/min abgeschreckt, um eine Veränderung der Proben während der Abkühlphase auszuschließen. Aufgrund des Zeitbedarfs der Versuche kamen drei unterschiedliche Rohröfen zur Anwendung, wobei bis auf die Messreihe bei 1250 °C stets der gleiche Ofen für Wärmebehandlungen bei gleicher Temperatur genutzt wurde, um deren Vergleichbarkeit sicherzustellen. Als Prozessgas wurde entweder reiner Sauerstoff oder ein Stickstoffwasserstoffgemisch aus 95 % N_2 und 5 % H_2 verwendet. Der Langzeitversuch bei 1250 °C erfolgte wegen des Zeitbedarfs in einem anderen Ofen, welcher nur mit Luftatmosphäre arbeitet. Eine deutliche Änderung des Verhaltens aufgrund des unterschiedlichen Sauerstoffpartialdrucks von 1000 hPa zu 200 hPa ist aufgrund der Defektchemie nicht zu erwarten [138].

T [°C]	Atmosphäre	Haltezeiten (nicht aufaddiert)	Ofentyp
1250	O_2/Luft	0, 40, 100, 200, 400 (an Luft)	Gero HTRH70-600/17 bzw. Gero F70-500/13 (400 h)
1350	O_2	0, 5, 10, 30, 60	Gero HTRH70-600/17
1350	N_2-H_2	0, 5, 10, 30, 60	Gero HTRH70-600/17
1380	O_2	0, 2,5, 5, 10, 20, 50, 100, 200	Gero HTRH70-600/17
1460	O_2	0, 2,5, 5, 10, 20, (72, nicht alle Proben)	Gero HTRV70-250
1550	O_2	0, 0,1, 0,3, 1, 3, 10, 50, 50	Gero HTRV70-250
1550	N_2-H_2	0, 0,1, 0,3, 1, 3, 10	Gero HTRV70-250
1600	O_2	0, 1, 2,5, 5, 10, 30	Gero HTRV70-250

Tabelle 3.3: Übersicht der Prozessparameter aller Versuche zur Ermuttlung der Korngrenzmobilität.

Die Messung der Wachstumslänge erfolgte an geschliffenen Schnittflächen, wobei die Materialinnenseite des abgetrennten Stücks betrachtet wurde, um eventuelle Randeffekte auszuschließen. Die von den Einkristallen überwachsene Fläche wurde bei allen Proben an beiden Grenzflächen (Oberseite und

Unterseite der Einkristalle) dokumentiert. Je nach Wachstumslänge wurde die Grenzfläche in einer Breite von insgesamt 77 µm bis 10 mm vermessen. Typischerweise entsprach diese Breite etwa der 100-fachen Wachstumslänge, so dass eine fundierte Datenbasis gegeben war. Die Vergrößerung der Aufnahmen wurde so gewählt, dass sowohl die Grenzfläche als auch die Zeile an Poren, die deren ursprüngliche Position vor allen Glühvorgängen markiert, erkennbar waren. Zusätzlich erfolgte an jeder Probe eine Dokumentation der Mikrostruktur mit jeweils fünf REM-Aufnahmen an Probenober- und -unterseite. Weitere Details zum Ablauf der Präparation und Mikroskopie enthalten die Abschnitte 3.3 und 3.4.

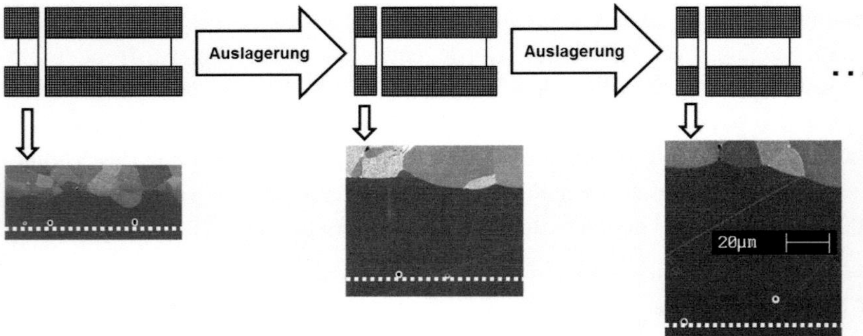

Abbildung 3.3: Versuchsdurchführung zur Ermittlung der relativen Korngrenzmobilität.

3.5.3 Datenauswertung

Eine typische Messung einer Wachstumslänge ist in Abbildung 3.4 a dargestellt. Am unteren Bildrand ist eine Reihe Poren zu erkennen, welche die ursprüngliche Position der Grenzfläche zwischen Einkristall und Matrix markiert. Die Körner der Matrix sind am oberen Bildrand zu erkennen, die Grenzfläche zwischen Matrix und Einkristall weist einen welligen Verlauf auf. Die Fläche zwischen diesen beiden Rändern wurde während der Auslagerung vom Einkristall überwachsen. Um die Wachstumslänge auszuwerten, wurde diese Fläche in jeder REM-Aufnahme mit einem Bildbearbeitungsprogramm (CorelDraw X3) kopiert (Abbildung 3.4 b). Die genaue Berechnung der Wanderungslänge sowie deren Streuung erforderte die Erstellung einer speziellen Auswertungs routine, welche mit Matlab realisiert wurde und dessen Funktionsweise kurz erläutert wird.

Das Programm trennt die Flächen aus Abbildung 3.4 b in eine große Zahl einzelner Spalten (1423) auf, um die Auswertung so präzise wie möglich durchzuführen (Abbildung 3.4 c). Die lokale Wachstumslänge ist nun die Länge der einzelnen Spalten (roter Pfeil in Abbildung 3.4 c). Anschließend erfolgt eine statistische Auswertung dieser Einzelmessungen in Form einer Verteilungskurve für die Wachstumslänge (Abbildung 3.4 d) samt Mittelwert (rote Linien) und Standardabweichung (grüne Linien). Diese beiden Werte sind besonders dazu geeignet, die Entwicklung der Wachstumslänge wiederzugeben. Sie sind in den Abbildungen in Abschnitt 4.2 für alle Messungen in Diagrammen dargestellt.

3.5.4 Bestimmung der relativen Mobilität

Die nach Abschnitt 3.5.3 gewonnen Daten umfassen für jede Probe und Haltezeit eine Wachstumslänge sowie deren Standardabweichung. Um aus diesen Daten eine relative Mobilität zu erhalten, ist eine analytische Betrachtung des Wachstums des Einkristalls nötig.

Wie bereits in Abschnitt 3.5 erläutert wurde, ist die Triebkraft für das Wachstum des Einkristalls abhängig von der Korngröße und Korngrenzenergie der Matrix. Sie entspricht der Energie aller Korngrenzen, die pro Volumen im Polykristall gespeichert ist und lautet analog zu Gleichung 2.9

$$P = \frac{3\lambda\gamma_{matrix}}{2R_{matrix}(t)} \qquad\qquad \textbf{3.1}$$

mit der Triebkraft P, der mittleren Korngrenzenergie der Matrix γ_{matrix} und dem mittleren Kornradius der Matrix $R_{matrix}(t)$ zum Zeitpunkt t. λ ist eine geometrische Konstante, welche aus der Abweichung der Körner von der Kugelform resultiert und ungefähr den Wert 1 annimmt [166]. Diese Triebkraft wird in der Literatur verwendet, um das Wachstum sehr großer Körner in eine feinkörnige Matrix hinein zu beschreiben [7, 9, 15, 166, 167] und entspricht dem Mean-Field-Ansatz von Hillert in Gleichung 2.11 für ein unendlich großes Korn. Aus Gleichung 3.1 ergibt sich die Änderung der Wachstumslänge zu

$$\frac{dL}{dt} = \frac{3\lambda\gamma_{matrix}m_{Ek}}{2R_{matrix}(t)} \qquad\qquad \textbf{3.2}$$

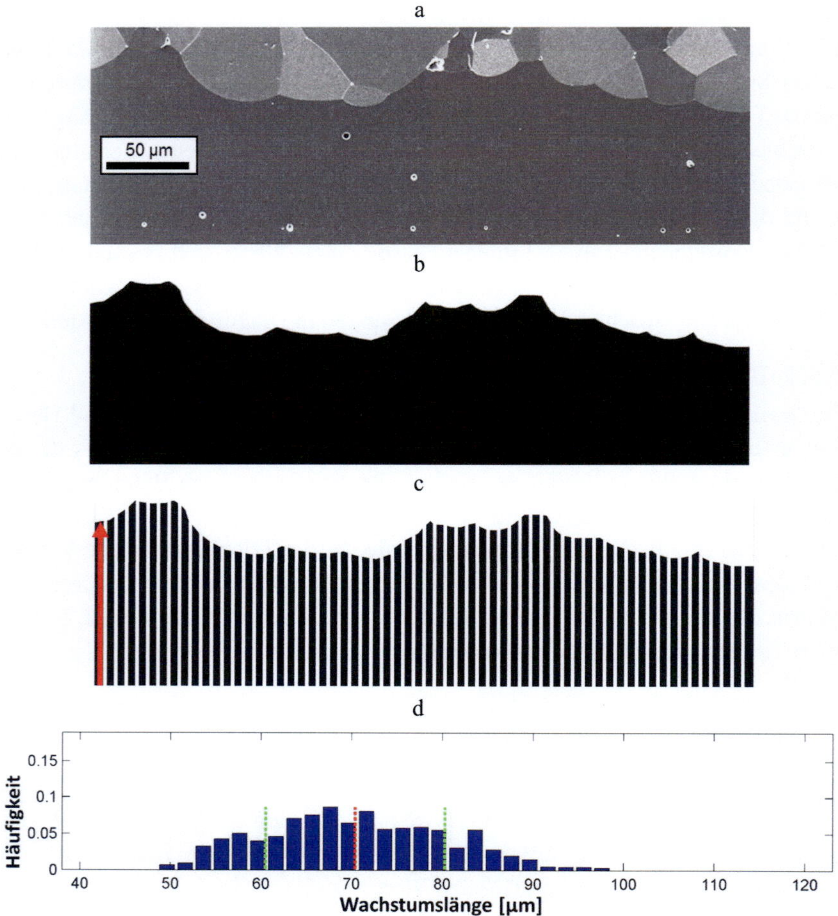

Abbildung 3.4: Messung der Wachstumslänge eines Einkristalls. a REM-Aufnahme einer Mikrostruktur. Die ursprüngliche Lage der Grenzfläche ist an der Reihe Poren am unteren Bildrand zu erkennen. b Kontur der Fläche, welche die Grenzfläche zwischen Einkristall und Matrix überstrichen hat. c Aufteilung dieser Fläche in Einzelstrecken, welche jeweils einer lokalen Wachstumslänge entsprechen. d statistische Auswertung dieser Wachstumslänge mit Mittelwert (rote Linie) und Standardabweichung (grüne Linien).

mit der Wachstumslänge L zum Zeitpunkt t und der Mobilität der Grenzfläche zwischen Einkristall und Matrix m_{Ek}. Der durchschnittliche Radius der Matrix $R_{matrix}(t)$ wächst mit der Zeit und ändert dadurch die Triebkraft. Um diesem Effekt Rechnung zu tragen, wird der Radius der Matrix durch das Modell von Burke und Turnbull (Gleichung 2.17) ersetzt:

$$\frac{dL}{dt} = \frac{3\lambda\gamma_{matrix}m_{Ek}}{\sqrt{2\alpha\gamma_{matrix}m_{matrix}t + 4R_0^2}} \qquad \textbf{3.3}$$

Dabei ist R_0 der Kornradius der Matrix zum Zeitpunkt $t = 0$ und m_{matrix} die mittlere Mobilität der Matrix. Die Integration dieser Gleichung liefert

$$L(t) = \frac{\lambda}{\alpha}\frac{m_{Ek}}{m_{matrix}}\left[3\sqrt{2\alpha\gamma_{matrix}m_{matrix}t + 4R_0^2} - 6R_0\right] + L_0 \qquad \textbf{3.4}$$

für die Wachstumslänge L des Einkristalls zum Zeitpunkt t, L_0 ist die Wachstumslänge zum Zeitpunkt 0. Die Wachstumslänge des Einkristalls hängt also analog zum Modell von Burke und Turnbull von der Wurzel der Zeit ab.

Der Parameter $k = 2\alpha\gamma_{matrix}m_{matrix}$ kann dem Kornwachstum der Matrix entnommen werden [79]. Zu diesem Zweck wurde die mittlere Korngröße für jede Haltezeit mittels des Linienschnittverfahrens bestimmt, wobei im Mittel 1200 Körner je Haltezeit und Temperatur ausgewertet wurden (mindestens 284 und maximal 2692). Eine Anpassung der Kornwachstumsgleichung von Burke und Turnbull (Gleichung 2.17) an die Entwicklung der Korngröße mit der Zeit liefert die gesuchten Parameter. Der Parameter R_0 kann direkt gemessen werden. Die Wachstumslänge L_0 wurde ebenfalls direkt gemessen und von allen folgenden Wachstumslängen abgezogen, so dass dieser Parameter null ist und nicht weiter berücksichtigt werden muss.

Besondere Aufmerksamkeit verdient der Quotient λ/α. Die geometrische Konstante λ entspricht der Abweichung der Kornform von der Kugelform. Diese Abweichung liegt nicht bezüglich der Krümmung vor, sondern der Korngrenzoberfläche je Volumen, da zur Herleitung von Gleichung 3.1 beziehungsweise 2.9 die Kugeloberfläche durch deren Volumen geteilt wurde. Die Kugel ist die geometrische Form mit der geringsten spezifischen Oberfläche, und daher entsteht durch eine Abweichung der Körner von dieser Form eine größere Oberfläche je Volumen. In der Literatur wird dieser Wert als 1 angenommen [7, 9, 166], allerdings muss er aus geometrischen Gründen größer als 1 sein. Die zweite Konstante α ergibt sich aus der Herleitung der Wachstumsgleichung von Burke und Turnbull und kann ebenfalls als 1 approximiert werden (vgl. Abschnitt 2.1.4). Über die Richtung der Abweichung von α ist keine Aussage möglich. Der Koeffizient λ/α kann also als 1 angenommen werden, wobei diese Annahme tendenziell eine Unterschätzung ist. Diese muss bei der Interpretation entsprechend berücksichtigt werden.

Da nun alle Parameter der Gleichung 3.4 bekannt sind, kann der Quotient m_{Ek}/m_{matrix} bestimmt und für die Interpretation der Wachstumslängen der Einkristalle genutzt werden. Dieser Quotient gibt die Mobilität der Grenzfläche zwischen Einkristall und Matrix relativ zur mittleren Mobilität der Matrix an und wird durch eine Anpassung der Gleichung 3.4 an den Verlauf der Wachstumslänge mit der Zeit erhalten. Ein Vergleich dieses Koeffizienten zwischen mehreren kristallografischen Orientierungen liefert deren relative Mobilität m_{Ek1}/m_{Ek2}.

3.6 Proben zur Ermittlung der Oberflächenenergie

Zur Messung der relativen Oberflächenenergie wurde die Betrachtung der Wulff-Formen intragranularer Poren durchgeführt. Diese Methode ermöglicht mit einem verhältnismäßig geringen experimentellen Aufwand die Rekonstruktion der Oberflächenenergie für alle kristallografischen Orientierungen. Zusätzlich ist in $SrTiO_3$ die Ermittlung der Korngrenzenergie als Summe der Oberflächenenergie möglich (vgl. Abschnitt 2.2.4).

3.6.1 Probenherstellung und Messdatenermittlung

Die Beobachtung der Wulff-Form von Poren setzt voraus, dass diese eine Form möglichst nahe an der Gleichgewichtsform erreicht haben. Ein wichtiger Parameter ist die Haltezeit der Wärmebehandlung, der die Pore ausgesetzt war. Diese ist vom Entstehungszeitpunkt der Pore abhängig, daher muss das Alter der Pore möglichst genau bekannt sein. Diese Anforderung ist bei der Betrachtung der Poren gegeben, die beim Zusammensintern zweier Oberflächen entstehen. Es bietet sich also an, die Proben aus den Versuchen zur Ermittlung der Korngrenzmobilität für die Betrachtung der Poren heranzuziehen. Die relevanten Poren sind nach Abschnitt 3.5.1 und Abbildung 3.4 a durch ihre linienförmige Anordnung im Einkristall zweifelsfrei identifizierbar. Zudem weisen diese Poren zumeist eine sehr geringe Größe auf, welche nach Abschnitt 2.2.1.2 zur Erreichung eines gleichgewichtsnahen Zustands erforderlich ist. Verwendet wurden Poren mit einem Durchmesser von typischerweise 1 µm und maximal 3 µm.

Zur Maximierung der Haltezeit der Poren kamen die in Abschnitt 3.5 beschriebenen Proben nach der letzten Haltezeit zur Anwendung. Um einen eventuellen Einfluss der zwischenzeitlichen Abkühl- und Aufheizprozesse zu vermeiden, wurden die Proben ein weiteres Mal ausgelagert sowie nach einer ausreichend langen Haltezeit abgeschreckt. Allerdings ließ der für die Versuche bei 1250 °C verwendete Ofen keinen Abschreckvorgang zu. Die verwendeten Herstellungsbedingungen sind in Tabelle 3.4 zusammengefasst. Die angegebene Gesamthaltezeit wurde in gewissen Abständen unterbrochen, um die Korngrenzmobilität zu messen. Darum ist die letzte Haltezeit zusätzlich angegeben.

Die Proben für die Versuche in reduzierender Atmosphäre wurden zunächst unter oxidierenden Bedingungen hergestellt. Durch die sehr hohe Sauerstoffleitfähigkeit von $SrTiO_3$ ist allerdings davon auszugehen, dass sich die Defektchemie der Proben beim Wechsel zu reduzierender Atmosphäre innerhalb kürzester Zeit anpasst [164]. Eine besondere Berücksichtigung bei der Betrachtung der Haltezeiten ist daher nicht erforderlich.

Von den Proben wurde anschließend ein Stück abgetrennt und poliert. Nach der Politur wurden keinerlei Behandlungen durchgeführt, welche die Oberfläche oder insbesondere die Form der angeschliffenen Poren in irgendeiner Weise verändern könnten, wie etwa thermisches oder chemisches Ätzen.

Da die Politur die angeschliffenen Poren mit Polierabrieb füllt, ist das Reinigungsverfahren von besonderer Bedeutung. Um ein bestmögliches Ergebnis zu erzielen, wurden die Proben unmittelbar nach dem letzten Polierschritt mit der Oberfläche nach unten auf ein Labortuch in deionisiertes Wasser gelegt, um ein Trocknen des Polierabriebs in den Poren zu verhindern. Das Wassergefäß wurde anschließend für mindestens 30 min in ein Ultraschallbad gestellt. Nach dieser Vorreinigung wurden die Proben aus dem Wasser genommen und in einem Vakuumexsikkator mit Wasser infiltriert und noch mindestens 2 h (optimalerweise über Nacht) im Vakuum belassen. Anschließend folgte wieder eine mindestens einstündige Ultraschallreinigung mit der Oberfläche nach unten auf einem Labortuch. Die Vakuuminfiltration samt anschließender Ultraschallreinigung wurde mindestens viermal wiederholt. Allerdings konnten auch durch diese aufwändige Reinigungsprozedur nicht alle Poren ausreichend gereinigt werden. Versuche mit unterschiedlichen Dispergatoren und anderen Lösungsmitteln erwiesen sich als unzureichend.

Die Messung der Porenform erfolgte mittels Rasterelektronenmikroskop. Um Poren mit einer gleichgewichtsnahen Form zu erhalten, wurden solche mit einem Durchmesser von maximal 3 µm (typischerweise 1 µm) und kubischsymmetrischer Form ausgewählt. Dabei wurde auf die Lage der Poren an der ursprünglichen Grenze zwischen Polykristall und Einkristall geachtet. Aufgrund der geringen Größe der Poren erfolgten die Untersuchungen an einem hochauflösendem Rasterelektronenmikroskop (Leo 1530 Gemini) am Laboratorium für Elektronenmikroskopie (LEM) des KIT.

T [°C]	Atmosphäre	Haltezeit (gesamt) [h]	letzte Haltezeit [h]
1250	Luft	740	400 (nicht abgeschreckt)
1350	O_2	85	70
1350	N_2-H_2	-	95
1380	O_2	120	100
1380	N_2-H_2	-	100
1460	O_2	54,5	17
1460	N_2-H_2	-	46
1600	O_2	53,5	5
1600	N_2-H_2	-	25

Tabelle 3.4: Versuchsbedingungen der Proben, in denen die Poren betrachtet wurden. Die letzte Haltezeit ist in der Gesamthaltezeit enthalten und gibt die Zeit an, innerhalb der keine zwischenzeitliche Abkühlung der Proben erfolgte.

3.6.2 Datenauswertung

Die nach Abschnitt 3.6.1 ermittelten Porenformen liegen in Form von zweidimensionalen Abbildungen angeschliffener Poren vor. Um aus diesen Abbildungen eine dreidimensionale Form zu erhalten, wurde ein Abgleich der 2D-Projektion der Porenform mit einer theoretisch berechneten Form durchgeführt. Zu diesem Zweck wurde zunächst ein Programm mit Matlab erstellt, welches aus einer gegebenen Menge an Orientierungen mit einer zugehörigen Oberflächenenergie nach dem Wulff-Theorem (vgl. Abschnitt 2.2.1) die Wulff-Form berechnet. Dabei wurde die kubische Symmetrie von $SrTiO_3$ vorausgesetzt und der Mittelpunkt der Wulff-Form in den Ursprung eines dreidimensionalen Koordinatensystems gesetzt. Der entwickelte Algorithmus gliedert sich wie folgt:

1.) Eingabe der kristallografischen Orientierungen mit zugehöriger relativer Oberflächenenergie
2.) Erzeugung aller zu 1.) gleichwertigen Orientierungen nach der kubischen Symmetrie. Zur Effizienzsteigerung wird nur ein Quadrant des 3D-Koordinatensystems betrachtet.
3.) Erzeugung von geometrischen Ebenen für jede Orientierung mit dem Abstand vom Ursprung entsprechend der Energie

4.) Bestimmung aller existierenden Schnittpunkte zwischen je drei Ebenen

5.) Auswahl der Schnittpunkte, welche folgendes Kriterium erfüllen:
Es existiert keine Orientierung, welche die Linie zwischen dem Schnittpunkt und dem Ursprung des Koordinatensystems schneidet. Alle so ausgewählten Punkte müssen auf der Wulff-Form liegen (vgl. Abschnitt 2.2.1).

6.) Vervielfältigung dieser Punkte in die anderen Quadranten des Koordinatensystems

7.) Erzeugung einer grafischen Darstellung der berechneten Wulff-Form

Der Algorithmus arbeitet sehr effizient, ermöglicht jedoch keine Berücksichtigung runder Bereiche in der Wulff-Form. Diese wurden daher gegebenenfalls mit mehreren ebenen Flächen angenähert.

Für einen Vergleich der beobachteten Form mit der berechneten wurden zunächst die in der beobachteten Form vorhandenen Facetten beziehungsweise deren Orientierung identifiziert, was aufgrund der einfachen Symmetrie von $SrTiO_3$ ohne weitere Hilfsmittel möglich ist. In Abbildung 3.5 a ist beispielhaft eine Pore abgebildet. Je eine Facette der Orientierung {100}, {110} und {111} ist mit 1, 2 und 3 gekennzeichnet. Nach dieser Indizierung erfolgte eine iterative Anpassung der Oberflächenenergie jeder Facette, bis die berechnete Form mit der beobachteten übereinstimmte (Abbildung 3.5 b). Zur Auswertung standen unter oxidierenden Bedingungen zwischen 7 und 12 Poren (typischerweise 10) für jede Temperatur zur Verfügung, unter reduzierenden Bedingungen zwischen 5 und 8.

3.7 Proben zur Charakterisierung des Kornwachstums

Die Versuche dieser Studie zeigten bei längeren Haltezeiten einen hemmenden Effekt auf das Kornwachstum. Zur Überprüfung der Ursache dieses Effekts erfolgten konventionelle Kornwachstumsversuche unter variierender Stöchiometrie von Sr/Ti = 0,98…1,005. Die Herstellung der Ausgangsmaterialien und Grünkörper ist in Abschnitt 3.1 zusammengefasst. Vor den Kornwachstumsversuchen wurden zunächst alle Proben dichtgesintert (1425 °C, 1 h, O_2, Ofentyp Gero HTRV70-250). Die relative Dichte lag für alle Proben bei 99,2 ± 0,46 %. Die Wärmebehandlung erfolgte immer mit fünf Proben gleichzeitig (für jede Stöchiometrie eine). Die durchgeführten Haltezeiten sind in Tabelle 3.5 zusammengefasst. Im Anschluss an die Wärmebehandlungen wurden mit der üblichen Probenpräparation und Elektronenmikroskopie (Abschnitte 3.3 und 3.4) jeweils fünf Aufnahmen zur Charakterisierung der Mikrostruktur erstellt. Das Linienschnittverfahren lieferte für jede Probe die mittlere Korngröße (durchschnittlich 275 Körner je Probe, mindestens 103, maximal 773). Zusätzlich wurde eine Fehlergröße für die mittlere Korngröße durch das Maximum beziehungsweise Minimum aus den fünf Einzelmessungen ermittelt.

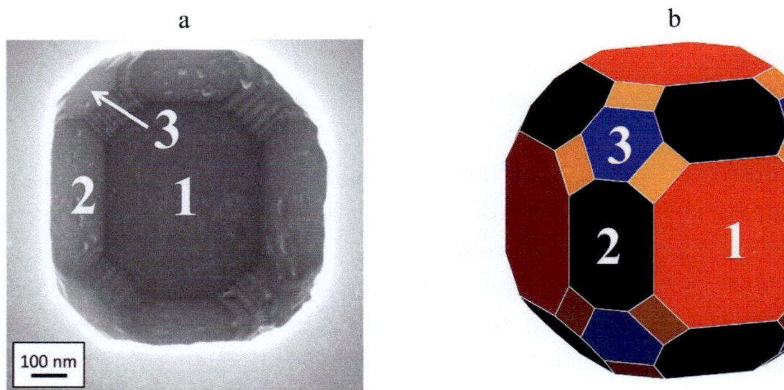

Abbildung 3.5: Indizierung der in den Poren enthaltenen Flächen. a eine Pore mit drei markierten Flächen 1, 2 und 3 entsprechend den Orientierungen {100}, {110} und {111}, b die berechnete Wulff-Form dieser Pore. Auf die orangenen Bereiche der Form wird in den Abschnitt 4.1.1 und 5.1.1.2 näher eingegangen.

Temperatur [°C]	Atmosphäre	Stöchiometrie (Sr/Ti)	Haltezeiten [h]	Ofen
1350	Luft	0,98 - 1,005	20, 50, 100, 200	Gero HTK 16 K
1600	O_2	0,98 - 1,005	1, 6, 25, 75	Gero HRTV70-250

Tabelle 3.5: Übersicht der Prozessparameter der Versuche mit variierender Stöchiometrie.

3.8 Erstellung und Berechnung der Korngrößenverteilungen

Zusätzlich zu den Versuchen mit variierender Stöchiometrie erfolgte eine Betrachtung der Korngrößenverteilung zur Eingrenzung der Ursachen für die Hemmung des Kornwachstums. Zu diesem Zweck wurde die Korngrößenverteilung nach unterschiedlichen Haltezeiten ermittelt und mit theoretisch berechneten Verteilungen verglichen. Bei der Berechnung kamen unterschiedliche hemmende Effekte zur Anwendung. Die folgenden Abschnitte enthalten zu allen in diesem Rahmen angewendeten Methoden eine detaillierte Beschreibung.

3.8.1 Datenauswertung

Zur Erstellung der Korngrößenverteilung wurden REM-Aufnahmen an thermisch geätzten Mikrostrukturen angefertigt, wobei die gleichen Aufnahmebedingungen wie in Abschnitt 3.5.2 verwendet wurden. Auf den Aufnahmen wurden die Korngrenzen zur Kontrasterhöhung manuell nachgezeichnet. Die Größenauswertung erfolgte mit einer Bilderkennungssoftware (analySIS, Olympus Soft Imaging Solutions GmbH, Deutschland). Als Größenmaß wurde die mittlere Größe gewählt, eine stereografische Korrektur der Daten fand nicht statt. Jede Auswertung enthielt zwischen 1000 und 3500 (typischerweise 2000) Körner je Korngrößenverteilung.

3.8.2 Berechnung der Entwicklung der Korngrößenverteilungen

Wie Abbildung 3.6 zeigt, hat die Art des hemmenden Effekts einen deutlichen Einfluss auf den Zusammenhang zwischen Triebkraft und Korngrenzgeschwindigkeit. Je nach angenommenem Effekt resultiert eine unterschiedliche Änderung der Korngrenzgeschwindigkeit großer beziehungsweise kleiner Körner. Daher ist ein Einfluss des hemmenden Effekts auf die Korngrößenverteilung zu erwarten, zudem sollte die Änderung für jeden hemmenden Effekt unterschiedliche Gestalt annehmen.

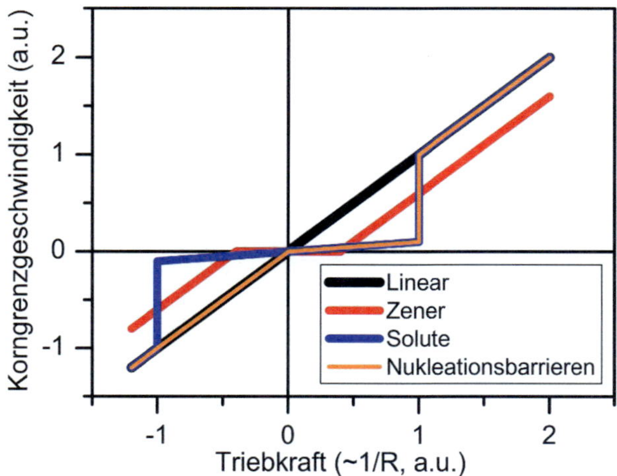

Abbildung 3.6: schematischer Zusammenhang zwischen Triebkraft und resultierender Korngrenzgeschwindigkeit ohne hemmenden Effekt (schwarz), mit Zener-Pinning (rot), mit Solute Drag (blau) und mit Nukleationsbarrieren (orange).

In der Literatur ist bisher keine Studie zu finden, welche diese Effekte systematisch beleuchtet. Daher wurde im Rahmen dieser Arbeit ein Berechnungsmodell erstellt, welches die Änderung der Korngrößenverteilung durch hemmende Effekte evaluiert. Die ermittelten Zusammenhänge können so mit den beobachteten Korngrößenverteilungen verglichen werden.

Als zugrundeliegendes Modell wurde der Mean-Field-Ansatz von Hillert (vgl. Abschnitt 2.1.2) gewählt, welcher die individuelle Betrachtung einzelner Körner ermöglicht und leicht zur Abbildung zusätzlicher Effekte modifiziert werden kann. Die Berechnung erfolgte mittels eines Matlab-Programms auf numerische Weise, da eine analytische Lösung je nach hemmendem Einfluss nicht möglich ist [5]. Als Ausgangspunkt für das Kornwachstum ohne hemmende Einflüsse wurde die Gleichung

$$\frac{dr_i}{dt} = 2\varepsilon\gamma m \left(\frac{1}{R_{crit}} - \frac{1}{r_i} \right) \qquad\qquad \textbf{3.5}$$

verwendet. Dabei ist r_i der Radius des i-ten Korns zum Zeitpunkt t, ε ein Geometriefaktor, γ die Korngrenzenergie, m die Korngrenzmobilität und R_{crit} der kritische mittlere Kornradius, welcher die Grenze zwischen den wachsenden und schrumpfenden Körnern definiert. Nach Hillert [5] wurde $R_{crit} = 9/8\,\bar{R}$ angenommen. Wie in Abschnitt 2.1.2 angeführt, resultiert aus dieser Gleichung eine quadratische Wachstumskinetik mit einer selbstähnlichen Korngrößenverteilung, welche analytisch abgeleitet werden kann. Da in dieser Arbeit nur ein relativer Vergleich zwischen unterschiedlichen Berechnungen von Interesse ist, wurde zur Vereinfachung $2\varepsilon\gamma m = 1$ gewählt und unter Abstraktion von physikalischen Einheiten gerechnet. Weiterhin wurden die Körner gemäß des Modells von Hillert als kugelförmig angenommen.

Neben Gleichung 3.5 wurden vier weitere Modifikationen untersucht. Die erste entspricht dem Modell des Zener-Pinning und entsteht aus Gleichung 3.5 durch Berücksichtigung einer konstanten Kraft c je Fläche (vgl. Abschnitt 2.3.3.2):

$$\frac{dr_i}{dt} = \begin{bmatrix} min\left[\left(\frac{1}{R_{crit}} - \frac{1}{r_i}\right) + c\,,0\right] & \text{für } r_i < R_{crit} \\[2ex] max\left[\left(\frac{1}{R_{crit}} - \frac{1}{r_i}\right) - c\,,0\right] & \text{für } r_i > R_{crit} \end{bmatrix} \qquad \textbf{3.6}$$

Die Unterscheidung in zwei Fälle berücksichtigt schrumpfende ($r_i < R_{crit}$) und wachsende ($r_i > R_{crit}$) Körner. Ein schrumpfendes Korn darf durch die Summation mit c nicht zu einem wachsenden Korn werden und umgekehrt, weshalb die Bildung eines Minimums beziehungsweise Maximums nötig ist. Gleichung 3.6 entspricht den Ansätzen in der Literatur [5, 111, 112, 167].

Die zweite Modifikation modelliert die hemmende Wirkung zweitphasengefüllter Tripeltaschen („Triple-Pocket-Drag"). Auch dieser Ansatz ist in der Literatur zu finden [103]. Grundlegend ist die geometrische Annahme, dass bei einem Korn die Anzahl an Tripeltaschen je Korngrenzfläche N_{Tripel} proportional zum Quadrat der mittleren Korngröße ist:

$$N_{Tripel} \sim \frac{1}{\bar{R}^2} \qquad\qquad \textbf{3.7}$$

Wenn die Verteilung der Tripelpunkte im Gefüge während des Kornwachstums selbstähnlich bleibt, kann der Radius a der zweitphasengefüllten Tripeltaschen als proportional zum mittleren Kornradius angenommen werden, da diese analog zum übrigen Gefüge ein Kornwachstum aufweisen:

$$a \sim \bar{R} \qquad\qquad \textbf{3.8}$$

Als Kraft pro Partikel kann Gleichung 2.27 verwendet werden, zusammen mit Gleichung 3.8 folgt daraus:

$$F_{Tripel} = \pi\gamma a \sim \bar{R} \qquad\qquad \textbf{3.9}$$

Die Normierung von Gleichung 3.9 auf die Korngrenzfläche ergibt die Triebkraft für das Kornwachstum unter der hemmenden Wirkung zweitphasengefüllter Tripeltaschen:

$$P_{Tripel} = N_{Tripel} \cdot F_{Tripel} \sim \frac{1}{\bar{R}} \qquad\qquad \textbf{3.10}$$

Analog zu Gleichung 3.6 folgt daraus die Kornwachstumsgleichung mit einem Skalierungsparameter c:

$$\frac{dr_i}{dt} = \begin{bmatrix} min\left[\left(\dfrac{1}{R_{crit}} - \dfrac{1}{r_i}\right) + \dfrac{c}{\bar{R}}, 0\right] & \text{für } r_i < R_{crit} \\[2ex] max\left[\left(\dfrac{1}{R_{crit}} - \dfrac{1}{r_i}\right) - \dfrac{c}{\bar{R}}, 0\right] & \text{für } r_i > R_{crit} \end{bmatrix} \qquad \textbf{3.11}$$

Die dritte Modifikation berücksichtigt die Wirkung des Solute Drag. Die Triebkraft des Solute Drag wurde in Abschnitt 2.3.3.1 behandelt. Abweichend von der dort vorgestellten Beschreibung wird das Modell vereinfachend durch Geradenabschnitte angenähert, wie die Skizze in Abbildung 3.6 zeigt. Die Abweichung zur exakten Kurve in Abbildung 2.10 ist sehr gering und kann vernachlässigt werden. Oberhalb der kritischen Triebkraft c_2 wird ein ungehemmtes Kornwachstum angenommen, darunter eine Hemmung um den Faktor $c_1 < 1$. Daraus ergibt sich die Kornwachstumsgleichung zu:

$$\frac{dr_i}{dt} = \left[\begin{array}{ll} c_1 \left(\dfrac{1}{R_{crit}} - \dfrac{1}{r_i} \right) & \text{für } -c_2 < \left(\dfrac{1}{R_{crit}} - \dfrac{1}{r_i} \right) < c_2 \\[2ex] \left(\dfrac{1}{R_{crit}} - \dfrac{1}{r_i} \right) & \text{sonst} \end{array} \right. \qquad \textbf{3.12}$$

Die letzte Modifikation trägt dem Vorliegen von Nukleationsbarrieren Rechnung. Das Modell der Nukleationsbarrieren unterscheidet sich vom Solute Drag dadurch, dass für schrumpfende Körner keine Hemmung vorliegt (vgl. Abbildung 3.6). Eine entsprechende Kornwachstumsgleichung kann daher direkt aus Gleichung 3.11 abgeleitet werden, indem die Grenzen für das Auftreten der Hemmung angepasst werden:

$$\frac{dr_i}{dt} = \left[\begin{array}{ll} c_1 \left(\dfrac{1}{R_{crit}} - \dfrac{1}{r_i} \right) & \text{für } 0 < \left(\dfrac{1}{R_{crit}} - \dfrac{1}{r_i} \right) < c_2 \\[2ex] \left(\dfrac{1}{R_{crit}} - \dfrac{1}{r_i} \right) & \text{sonst} \end{array} \right. \qquad \textbf{3.13}$$

Diese vier Modifikationen des Modells von Hillert in den Gleichungen 3.5, 3.6, 3.11, 3.12 und 3.13 erlauben die Berechnung der Entwicklung einer Korngrößenverteilung mit der Zeit unter Berücksichtigung des jeweiligen hemmenden Effekts. Zur Durchführung der Berechnung wurde zunächst eine Ausgangsverteilung   mit $i = 10\,000$ Körnern erstellt, wobei jene Verteilung verwendet wurde, welche im Modell von Hillert selbstähnlich wächst (vgl. Abschnitt 2.1.1.1 und Abbildung 2.1). Diese Korngrößenverteilung wurde auf einen Mittelwert von 1 normiert und unverändert für alle Berechnungen verwendet. Der Ablauf des Programms entspricht dem folgenden Schema:

1.) Laden der Ausgangsverteilung
    10 000 Körner, mittlere Korngröße auf 1 normiert

2.) Berechnung der Verteilungskennwerte
    Korngrößenverteilung, Anzahl Körner, mittlerer Kornradius $\bar{R}$

3.) Berechnung in einer Schleife

   1.) <u>Zeitabschnitt Δt bestimmen</u>

      Der Zeitabschnitt wird so gewählt, dass in jedem Schleifendurchlauf die 10 kleinsten Körner verschwinden

   2.) <u>Berechnung der Kornradien zum Zeitpunkt t</u>

      Numerische Integration der jeweiligen Kornwachstumsgleichung (Gleichung 3.5, 3.6, 3.11, 3.12 oder 3.13) unter Annahme eines während des Zeitabschnitts Δt konstant bleibenden mittleren Kornradius $\bar{R}$

   3.) <u>Berechnung der Verteilungskennwerte</u>

      Korngrößenverteilung, Anzahl Körner, mittlerer Kornradius $\bar{R}$

   4.) <u>Schleifenabbruch</u>

      a) wenn vorgegebene Anzahl an Restkörnern erreicht ist (50 % der Ausgangsanzahl) oder

      b) wenn kein Korn eine Triebkraft zur Größenänderung mehr hat

Als Ergebnis werden die Korngrößenverteilungen nach den jeweiligen Zeitabschnitten sowie deren Kennwerte erhalten und grafisch dargestellt. Zur Vereinfachung wird die Näherung verwendet, dass während jedem Schleifendurchlauf beziehungsweise Zeitabschnitt Δt der mittlere Kornradius $\bar{R}$ konstant bleibt. Dieser ändert sich jedoch immer, sobald ein beliebiges Korn seine Größe ändert oder gar verschwindet. Da der mittlere Radius in die Kornwachstumsgleichungen 3.5, 3.6, 3.11, 3.12 und 3.13 eingeht, entsteht durch die Nichtberücksichtigung der Größenänderung ein Fehler in der numerischen Integration. Allerdings wurde die Dauer der jeweiligen Zeitabschnitte und damit das Ausmaß des Fehlers so klein gewählt, dass der mittlere Kornradius $\bar{R}$ sich um weniger als 1 % änderte. Der entstehende Fehler ist daher zu vernachlässigen.

3.9 Benetzungsversuche

Die Proben zur Messung der Korngrenzmobilität wiesen bei 1550 °C in reduzierender Atmosphäre Zweitphasenschichten an den Korngrenzen auf. Dieser Effekt trat unter anderen Bedingungen nicht auf. Um die Entstehung dieser Schichten zu dokumentieren, wurden spezielle Versuche in wechselnder Atmosphäre durchgeführt. Für alle Versuche wurde ein Rohrofen des Typs Gero HTRH70-600/17 verwendet, als Prozessgase standen reiner Sauerstoff und ein

Stickstoff/Wasserstoff-Gemisch (95 % N_2-5 % H_2) zur Verfügung. Alle Wärmebehandlungen wurden mit einer Aufheizrate von 20 K/min und nach mehrmaligem Spülen mit Prozessgas durchgeführt, die Abkühlung erfolgte jeweils mit einem Abschreckvorgang mit mehreren 100 K/min.

Die Grünkörper mit einem Sr/Ti-Verhältnis von 0,996 und 1 wurden unter oxidierenden Bedingungen möglichst feinkörnig dichtgesintert (1425 °C, 1 h, Sauerstoff) und nach der Wärmebehandlung abgeschreckt, um den Hochtemperaturzustand der Korngrenzen zu konservieren. Die entstandene Mikrostruktur wurde elektronenmikroskopisch untersucht. Das Vorsintern der Proben war nötig, da in reduzierender Atmosphäre ein Sintern von hochreinem $SrTiO_3$ auf relative Dichten von über 99 % nicht möglich ist.

Die vorgesinterten Proben wurden anschließend bei unterschiedlichen Temperaturen und für unterschiedliche Haltezeiten in reduzierender Atmosphäre ausgelagert (95 % N_2-95 % H_2) und ebenfalls abgeschreckt. Durch diese Behandlung sollten die Zweitphasenschichten erzeugt werden.

Zur Ermittlung der Korngrenzmobilität in reduzierender Atmosphäre wurden bei gleicher Temperatur mehrere Haltezeiten verwendet und die entstehende Korngröße mittels Elektronenmikroskopie und Linienschnittverfahren ermittelt. In einigen Fällen folgte eine weitere Wärmebehandlung unter Bedingungen, die für sich alleine nicht zur Bildung von Flüssigphasenschichten führen, um ein eventuelles Verschwinden der Schichten zu dokumentieren. Die jeweiligen Haltezeiten sind im Ergebnisteil an entsprechender Stelle erwähnt.

3.9.1 Transmissionselektronenmikroskopie

Die Struktur der Korngrenzen der reduzierten Proben wurde mittels hochauflösender Transmissionselektronenmikroskopie (TEM) betrachtet, um Benetzung und Facettierung zweifelsfrei erkennen zu können. Sowohl Präparation als auch Mikroskopie wurden am Laboratorium für Elektronenmikroskopie des KIT (LEM, Dr. Heike Störmer, Prof. Dr. Dagmar Gerthsen) durchgeführt. Die Probenpräparation erfolgte auf konventionellem Wege über mechanisches Trennen, Schleifen, Polieren sowie Argonplasmaätzen. Zur Sicherstellung der Leitfähigkeit erfolgte eine Bedampfung mit Kohlenstoff. Die Aufnahmen wurden mit einem TEM des Typs CM200 FEG (Philips/FEI, Niederlande) angefertigt, dessen Auflösung ungefähr 2 Å beträgt. Die Aufnahmen wurden bei 200 kV Beschleunigungsspannung im Hellfeld aufgezeichnet.

4. Ergebnisse

Die Versuche dieser Studie lassen sich überwiegend in zwei Teile gliedern. Der erste Teil befasst sich mit der Oberflächenenergie, im zweiten Teil wird die Korngrenzmobilität betrachtet.

4.1 Relative Oberflächenenergie

Zur Messung der relativen Oberflächenenergie wurde wie in Abschnitt 3.6 beschrieben die Form von intragranularen Poren rekonstruiert. Die in oxidierender und reduzierender Atmosphäre ermittelten Wulff-Formen sind in den nächsten beiden Abschnitten dokumentiert. Um die Daten für weitere Verwendungen zugänglich zu machen, sind im Anhang zwei alternative Darstellungen enthalten (vgl. Anhang A).

4.1.1 Relative Oberflächenenergie in oxidierender Atmosphäre

Ein Vergleich der unter oxidierenden Bedingungen beobachteten Porenformen sowie der nach Abschnitt 3.6.2 berechneten Form ist in Abbildung 4.1 dargestellt. Die dominanten Orientierungen sind jeweils {100}, {110} und {111}. Diese bilden in allen Fällen eine Facette aus. Ab 1460 °C sind zusätzlich {310}-Facetten in den Formen enthalten. Diese scheinen bei 1600 °C eine verrundete Fläche zu bilden, erkennbar am runden Übergang zu den benachbarten Flächen. Insgesamt nähern sich die Formen mit steigender Temperatur einer Kugel an, die Anisotropie wird also geringer.

In allen beobachteten Poren waren auch stufige Bereiche zu beobachten. Diese sind als orangene Bereiche in den berechneten Formen in Abbildung 4.1 markiert. Deren Anteil an der Gesamtform nimmt mit steigender Temperatur deutlich zu, außerdem steigt die Anzahl an verrundeten Flächen. So erscheinen ab 1460 °C zusätzlich zu den verrundeten Bereichen um <111> weitere neben <310> und <100>. In wenigen Fällen wurden diese Bereiche auch bei 1250 °C beobachtet, erscheinen durchschnittlich betrachtet jedoch nicht in der Form.

Abbildung 4.2 a zeigt einen stufigen Bereich in einer Pore bei 1250 °C. Die Stufen scheinen jeweils aus den benachbarten Facetten zusammengesetzt zu sein, wie die Skizze in Abbildung 4.2 b verdeutlicht. So sind die stufigen Bereiche um <111> in Abbildung 4.2 a aus {110}-Facetten zusammengesetzt.

Die zur Berechnung der Formen in Abbildung 4.1 verwendete relative Oberflächenenergie ist in Abbildung 4.3 über der Temperatur aufgetragen. Dabei wurde die Energie der {100}-Orientierung als Referenzwert verwendet. Die Fehlerbalken geben die Standardabweichung der Daten wieder. Da die relative Oberflächenenergie der {100}-Orientierung immer als 1 angenommen wurde, existiert in diesem Fall kein Fehler.

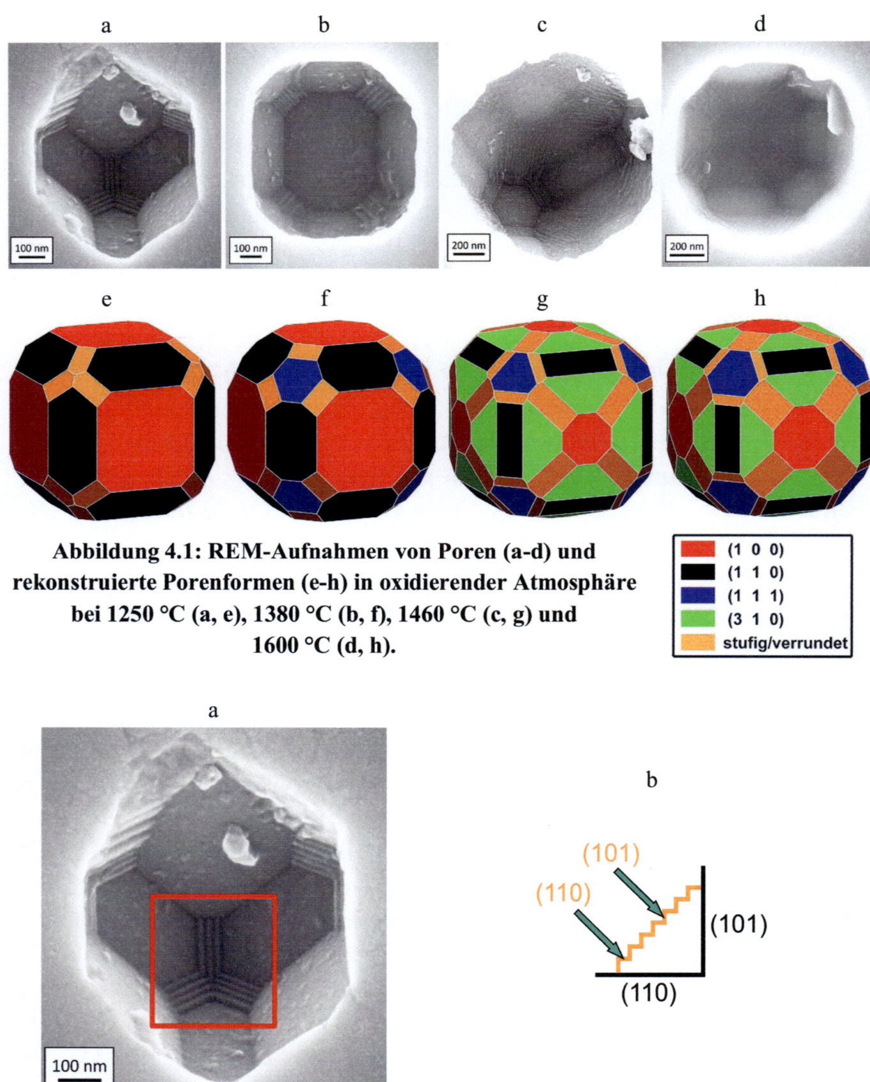

Abbildung 4.1: REM-Aufnahmen von Poren (a-d) und rekonstruierte Porenformen (e-h) in oxidierender Atmosphäre bei 1250 °C (a, e), 1380 °C (b, f), 1460 °C (c, g) und 1600 °C (d, h).

Abbildung 4.2: a Stufige Flächen in einer Pore bei 1250 °C um (111), b skizzierte Lage der einzelnen Orientierungen in der stufigen Fläche.

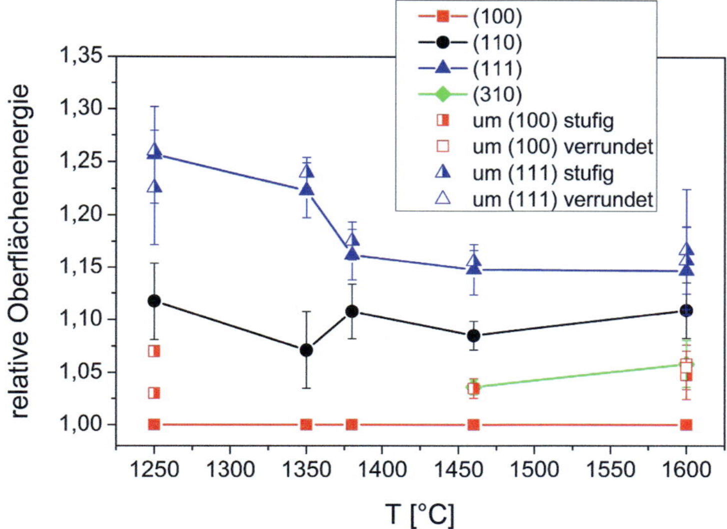

Abbildung 4.3: relative Oberflächenenergie in oxidierender Atmosphäre zwischen 1250 °C und 1600 °C.

Die {100}-Orientierung besitzt in $SrTiO_3$ die niedrigste Oberflächenenergie. Die {310}-Orientierung, welche 18,4° neben {100} in Richtung {110} liegt, ist ab 1460 °C energetisch günstiger als {110} und {111}, jedoch ungünstiger als {100}.

Es zeigt sich die mit steigender Temperatur fallende Anisotropie der Hauptorientierungen {100}, {110} und {111} sowie eine steigende Anzahl an in der Form enthaltenen Flächen und verrundeten und stufigen Bereichen. Diese entwickeln sich deutlich parallel zur angrenzenden Hauptorientierung. So weisen alle stufigen Bereiche um {111} eine ähnliche Oberflächenenergie wie {111} auf, und gleiches trifft auf die Bereiche um {100} und {310} zu.

Zur Abschätzung des Einflusses der Kühlrate wurde bei 1380 °C ein Vergleich zwischen einer abgeschreckten Probe und einer mit 10 K/min abgekühlten Probe durchgeführt. Die ermittelte relative Oberflächenenergie ist in Abbildung 4.4 gegenübergestellt. Die langsam abgekühlte Probe zeigt einen geringen Versatz der Messpunkte zu höheren Werten. Da bei geringerer Temperatur eine höhere Anisotropie vorliegt (vgl. Abbildung 4.3), ist diese Änderung der Kühlrate zuzuschreiben. Allerdings liegt die Abweichung lediglich bei ungefähr 1 %.

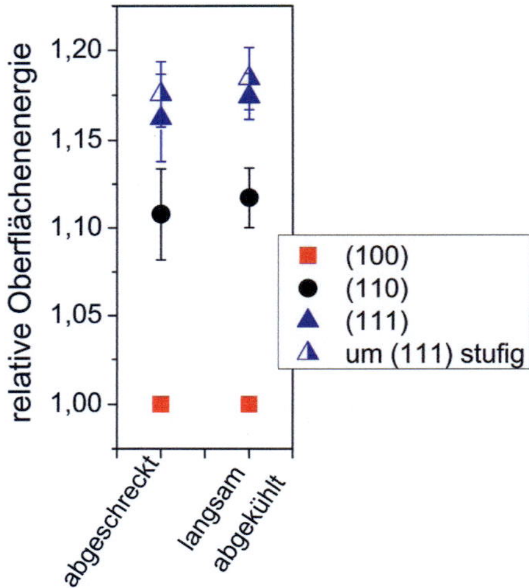

Abbildung 4.4: Vergleich der relativen Oberflächenenergie einer abgeschreckten und einer langsam abgekühlten Probe bei 1380 °C in oxidierender Atmosphäre.

4.1.2 Relative Oberflächenenergie in reduzierender Atmosphäre

Die beobachteten sowie rekonstruierten Porenformen in reduzierender Atmosphäre sind in Abbildung 4.5 dargestellt. Die Hauptorientierungen sind {100}, {110} und {111}. Bis 1380 °C bilden diese drei Orientierungen eine Facette aus. Bei 1460 °C weist die {111}-Facette leichte Stufen auf, bei 1600 °C zusätzlich auch die {110}-Orientierung. Die {310}-Orientierung ist nur bis 1350 °C als facettierte Fläche in der Porenform sichtbar, darüber erscheint der entsprechende Bereich als stufige Fläche.

Analog zum oxidierenden Fall (Abschnitt 4.1.1) enthalten die Formen einen mit der Temperatur ansteigenden Anteil an stufigen oder verrundeten Bereichen, wobei der Unterschied nicht in jedem Fall klar zu erkennen ist. Diese Bereiche treten hauptsächlich um <111>, aber auch um <100> und <110> auf.

Insgesamt weisen die Poren bei höheren Temperaturen ein runderes Erscheinungsbild auf als bei tieferen Temperaturen, gleichbedeutend mit einer geringeren Anisotropie. Im Vergleich mit den Poren unter oxidierenden Bedingungen bei gleicher Temperatur nimmt die Anisotropie in reduzierender Atmosphäre ein geringeres Ausmaß an.

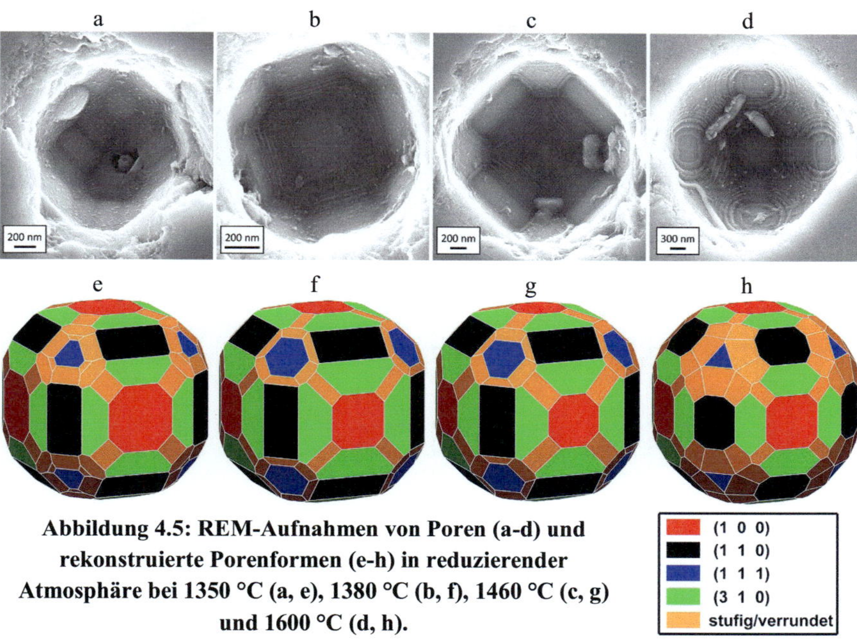

Abbildung 4.5: REM-Aufnahmen von Poren (a-d) und rekonstruierte Porenformen (e-h) in reduzierender Atmosphäre bei 1350 °C (a, e), 1380 °C (b, f), 1460 °C (c, g) und 1600 °C (d, h).

Die zur Rekonstruktion der Porenformen in Abbildung 4.5 verwendete relative Oberflächenenergie ist in Abbildung 4.6 dargestellt. Auch in diesem Fall wurde die Oberflächenenergie von {100} als Referenzwert verwendet, die Fehlerbalken stehen für die Standardabweichung. Deutlich ist die mit der Temperatur abnehmende Anisotropie zu erkennen. Die Fläche mit der niedrigsten Energie ist wiederum die {100}-Fläche, gefolgt von {310}, {110} und {111}. Die stufigen und verrundeten Bereiche entwickeln sich überwiegend parallel zu den angrenzenden Orientierungen, wie im Fall der {111}-Orientierung deutlich erkennbar ist. Allerdings folgt die {110}-Orientierung bei 1600 °C nicht diesem Schema, es wurde ein angrenzender stufiger Bereich mit deutlich höherer Oberflächenenergie beobachtet.

Wie ein Vergleich mit Abbildung 4.3 leicht erkennen lässt, ist die Anisotropie in reduzierender Atmosphäre deutlich weniger ausgeprägt als in oxidierender.

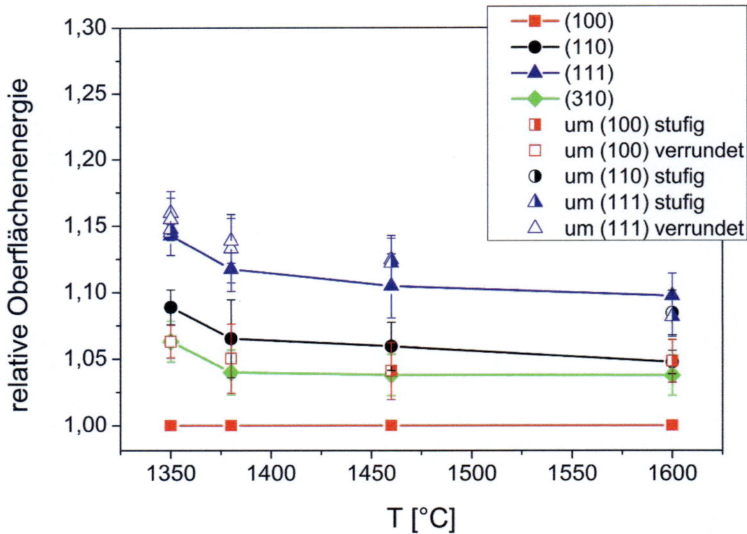

Abbildung 4.6: relative Oberflächenenergie in reduzierender Atmosphäre zwischen 1350 °C und 1600 °C. Die Skalierung ist identisch zu der in Abbildung 4.3.

4.2 Relative Korngrenzmobilität

Die relative Korngrenzmobilität wurde in der vorliegenden Arbeit mit Hilfe eines speziellen Modellexperiments von der Korngrenzenergie getrennt, indem die Triebkraft von der betrachteten Grenzfläche entkoppelt wurde. Dieser Versuch fand in oxidierender und in reduzierender Atmosphäre bei Temperaturen zwischen 1250 °C und 1600 °C statt, welches der für das Kornwachstum in $SrTiO_3$ interessante Temperaturbereich ist [79].

4.2.1 Relative Korngrenzmobilität in oxidierender Atmosphäre

Dieser Abschnitt fasst die Messergebnisse in oxidierender Atmosphäre zusammen. Zunächst erfolgt eine Charakterisierung der Mikrostruktur von Einkristall und Matrix, anschließend folgt eine grafische Darstellung der Wachstumslänge aller Versuche.

Die Morphologie von Einkristall und Matrix ließ keine signifikanten Unterschiede zwischen den Versuchen erkennen, daher folgt eine allgemeine Beschreibung für alle Temperaturen. Die Mikrostrukturen der Matrix zeigten normales Kornwachstum. Vereinzelt waren Ansammlungen von Zweitphasen in Tripeltaschen zu erkennen (Abbildung 4.7 a), eine Flüssigphasenschicht oder eine Benetzung durch eine Zweitphase wurde bei den durchgeführten REM-Untersuchungen in keinem Fall beobachtet.

Die Grenzflächen zwischen Matrix und Einkristallen wies bei allen Proben unter oxidierenden Bedingungen einen welligen Verlauf auf (Abbildung 4.7 b und c), für eine makroskopische Facettierung der Grenzflächen konnten nur sehr vereinzelt Hinweise beobachtet werden (Abbildung 4.7 h). Eine sichere Aussage über die Facettierung ist auf dieser Datenbasis jedoch nicht möglich.

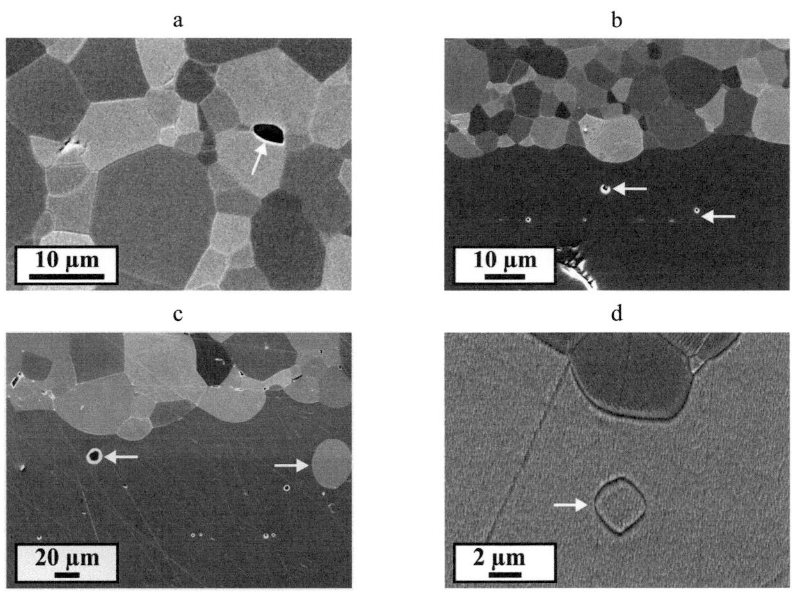

Abbildung 4.7: Mikrostrukturen von Einkristallen und Matrix in oxidierender Atmosphäre. Besondere Bereiche sind durch Pfeile markiert. a Mikrostruktur der Matrix mit zweitphasengefüllter Tripeltasche, b Grenzfläche zwischen Einkristall und Matrix mit überwachsenen Poren, c Grenzfläche zwischen Einkristall und Matrix mit überwachsenen Poren und überwachsenem Korn, d vom Einkristall überwachsenes Korn, e Zweitphasenpartikel im Bereich der Grenzfläche zwischen Einkristall und Matrix, f ein Korn, welches vom Einkristall langsamer überwachsen wird, g eine Pore und h Zweitphase sowie sichtbare Facettierung an der Grenzfläche zwischen Einkristall und Matrix.

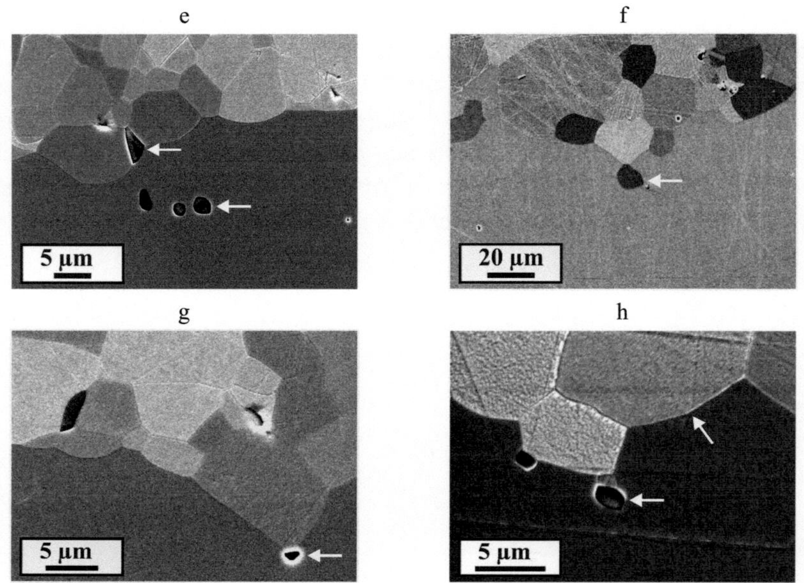

Abbildung 4.7 (Fortsetzung)

Auch an der Grenzfläche zwischen Einkristall und Matrix konnte bei keiner Probe eine Flüssigphasenschicht oder eine Benetzung nachgewiesen werden. Im Wachstumsbereich des Einkristalls waren bei allen Proben überwachsene Poren unterschiedlicher Größe (Abbildung 4.7 b und c) sowie eine kleine Anzahl überwachsener Körner (Abbildung 4.7 c und d) und überwachsene Zweitphasenpartikel zu sehen (Abbildung 4.7 e). An der Grenzfläche von Einkristall und Matrix fielen häufig Körner auf, welche deutlich langsamer als die Umgebung vom Einkristall überwachsen wurden (Abbildung 4.7 f). Dabei handelte es sich nicht in jedem Fall um große Körner. In manchen Fällen befand sich an der dem Einkristall zugewandten Seite eine Pore (Abbildung 4.7 g) oder eine Zweitphasentasche (Abbildung 4.7 h). Bei diesen Betrachtungen muss jedoch betont werden, dass bei einem 2D-Schliff ein möglicher Einfluss unter- oder oberhalb der Betrachtungsebene nicht bekannt ist und diese Beobachtungen daher mit einer Unsicherheit versehen sind.

Aus den Mikrostrukturen wurde nach dem in Abschnitt 3.5.3 vorgestellten Verfahren die Wachstumslänge ermittelt. Die Entwicklung der Wachstumslänge und der Korngröße bei 1250 °C in Sauerstoff ist in den Abbildungen 4.8 a und b dargestellt. Die Farben rot, schwarz, blau und grün stehen für die Orientierungen {100}, {110}, {111} und {310} der Einkristalle. In allen folgenden Abbildungen dieses Abschnitts wird diese Farbgebung beibehalten. Die Fehlerbalken geben die Standardabweichung der Wachstumslänge beziehungsweise der Korngröße wieder.

Das Wachstum sowohl des Einkristalls als auch der Matrix verläuft bei 1250 °C nur über wenige Mikrometer. Der erwartete wurzelförmige Verlauf aller Messkurven (vgl. Abschnitt 3.5.4) liegt nur undeutlich vor. Die Standardabweichung der Wachstumslänge ist jeweils sehr hoch, insbesondere die Messung nach 740 h für den {111}-Kristall fällt deutlich aus dem Kontext. Da die letzte Haltezeit von 400 h abweichend an Luft und nicht an Sauerstoff durchgeführt wurde, ist ein Einfluss der Atmosphäre nicht völlig auszuschließen.

In Abschnitt 3.5.4 wurde eine Gleichung für die Wachstumskinetik des Einkristalls hergeleitet (Gleichung 3.4). Diese Gleichung wurde zur weiteren Interpretation an den Verlauf der Wachstumslänge (durchgezogene Linien in Abbildung 4.8 a) angepasst. Die Kinetik des Kornwachstums wird durch eine Anpassung des Modells von Burke und Turnbull (Gleichung 2.17) an die Entwicklung des mittleren Kornradius (gepunktete Linie in Abbildung 4.8 b) beschrieben. In beiden Fällen wurden wegen der Unsicherheit der letzten Haltezeit jeweils nur die ersten vier Datenpunkte verwendet. Die dabei ermittelten Parameter werden in Abschnitt 4.2.3 für alle untersuchten Messreihen vorgestellt. Es ist erkennbar, dass die {110}- und {111}-Orientierungen bei 1250 °C am langsamsten wachsen, die {100}-Orientierung am schnellsten.

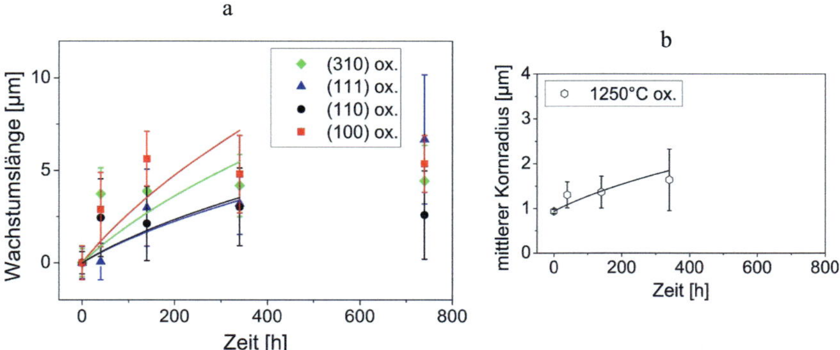

Abbildung 4.8: a Wachstumslängen der Einkristalle mit der Zeit bei 1250 °C in Sauerstoff. Die durchgezogenen Linien entsprechen einer Anpassung der Gleichung 3.4. b Entwicklung des mittleren Kornradius der Matrix. Die durchgezogene Linie ist eine Anpassung der Gleichung 2.17 (Modell von Burke und Turnbull).

Die Entwicklung der Wachstumslänge bei 1350 °C in Sauerstoff zeigen die Abbildungen 4.9 a und b. Die durchgezogenen Linien entsprechen dabei einer Anpassung der Gleichungen 3.4 für den Einkristall beziehungsweise 2.17 für den Polykristall.

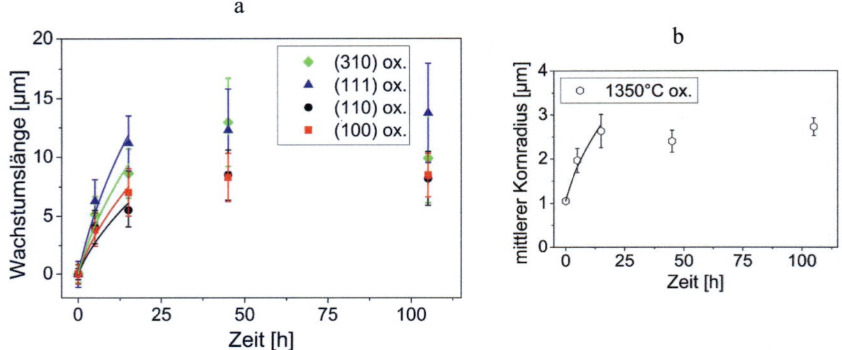

Abbildung 4.9: a Wachstumslängen der Einkristalle mit der Zeit bei 1350 °C in Sauerstoff. Die durchgezogenen Linien entsprechen einer Anpassung der Gleichung 3.4. b Entwicklung des mittleren Korndurchmessers der Matrix. Die durchgezogene Linie ist eine Anpassung der Gleichung 2.17 (Modell von Burke und Turnbull).

Alle Kristalle weisen bei 1350°C eine deutlich größere Wachstumslänge auf als bei 1250 °C. Der Verlauf der Kurven ist dabei für kurze Haltezeiten wurzelförmig, die Wachstumslänge der einzelnen Orientierungen zeigt deutliche Unterschiede, wobei die {111}- Orientierung am schnellsten und die {110}- Orientierung am langsamsten wächst. Bei langen Haltezeiten (ab 40 h) liegen die Messwerte von Wachstumslänge und Korngröße jedoch deutlich unter dem erwarteten Verlauf, die gesamte Mikrostruktur wächst also langsamer als erwartet. Aus diesem Grund wurden für die Ermittlung der Wachstumskonstanten nur die ersten drei Messwerte genutzt.

Abbildungen 4.10 a und b zeigen die Messreihe bei 1380 °C in Sauerstoff. Das Verhalten für lange Haltezeiten zeigt der obere Einsatz in Abbildung 4.10 a. Die Wachstumslängen betragen nur ungefähr die Hälfte der Messwerte bei 1350 °C und weisen eine sehr hohe Anisotropie auf. Ein solcher Sprung ist im Kornwachstumsverhalten von $SrTiO_3$ bekannt (vgl. Abschnitt 2.3.4).

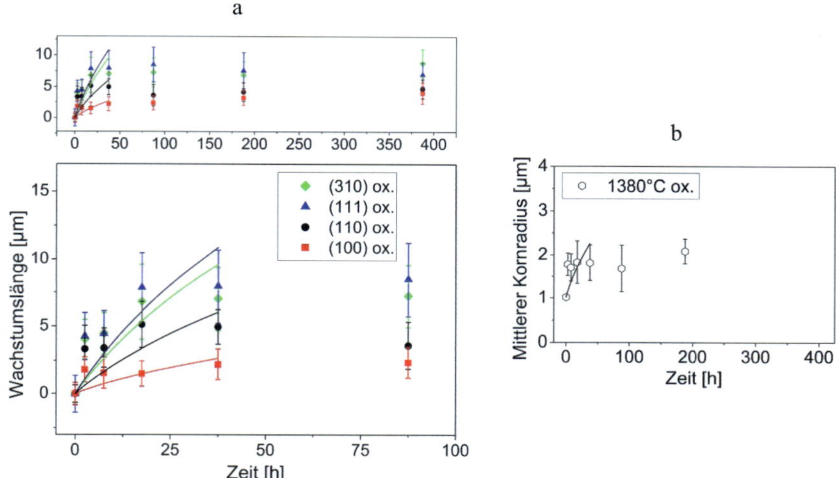

Abbildung 4.10: a Wachstumslängen der Einkristalle mit der Zeit bei 1380 °C in Sauerstoff. Der obere Einsatz zeigt die Entwicklung für lange Haltezeiten. Die durchgezogenen Linien entsprechen einer Anpassung der Gleichung 3.4. b Entwicklung des mittleren Kornradius der Matrix. Die durchgezogene Linie ist eine Anpassung der Gleichung 2.17 (Modell von Burke und Turnbull).

Das Wachstum aller Kristalle kann wiederum durch das Modell von Burke und Turnbull angenähert werden, wobei ab einer Haltezeit von 50 h die Messwerte unter dem erwarteten Verlauf liegen und kein nennenswertes Wachstum mehr auftritt. Daher wurden nur die ersten fünf Haltezeiten für die Ermittlung der Wachstumskonstanten genutzt (durchgezogene Linien in Abbildung 4.10 a und b). Die Messwerte weisen insgesamt einen relativ unstetigen Verlauf auf.

Bei 1460 °C in Sauerstoff zeigt sich ein sehr ausgeprägtes Wachstum der Einkristalle bis zu 100 µm mit deutlicher Anisotropie (Abbildung 4.11 a und b). Der wurzelförmige Verlauf bleibt dabei bis 40 h erhalten, eine Messung mit 110 h Haltezeit der {310}-Orientierung zeigt allerdings wiederum eine Stagnation des Wachstums.

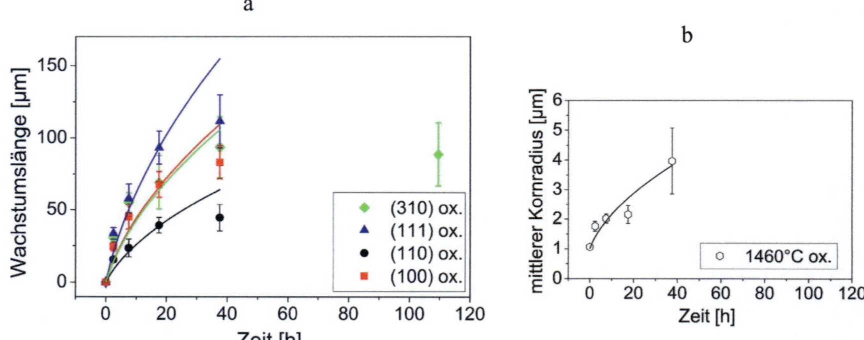

Abbildung 4.11: a Wachstumslängen der Einkristalle mit der Zeit bei 1460 °C in Sauerstoff. Die durchgezogenen Linien entsprechen einer Anpassung der Gleichung 3.4. b Entwicklung des mittleren Kornradius der Matrix. Die durchgezogene Linie ist eine Anpassung der Gleichung 2.17 (Modell von Burke und Turnbull).

Das Verhalten bei 1550 °C in Sauerstoff ist in den Abbildungen 4.12 a und b dargestellt. Der obere Einsatz zeigt jeweils das Verhalten für lange Haltezeiten. Auch hier liegt ein ausgeprägtes, wurzelförmiges Wachstum von Einkristallen und der Matrix vor, bis nach 1,4 h jegliches Wachstum zum Erliegen kommt. Für die Ermittlung der Wachstumskonstanten wurden daher die ersten vier Haltezeiten ausgewählt.

Der Verlauf bei 1600 °C in Sauerstoff in den Abbildungen 4.13 a und b gleicht dem bei 1550 °C im Wesentlichen, allerdings tritt die Stagnation des Wachstums schon nach 1 h ein, so dass für die Ermittlung der Wachstumskonstanten nur die ersten beiden Messpunkte genutzt werden konnten.

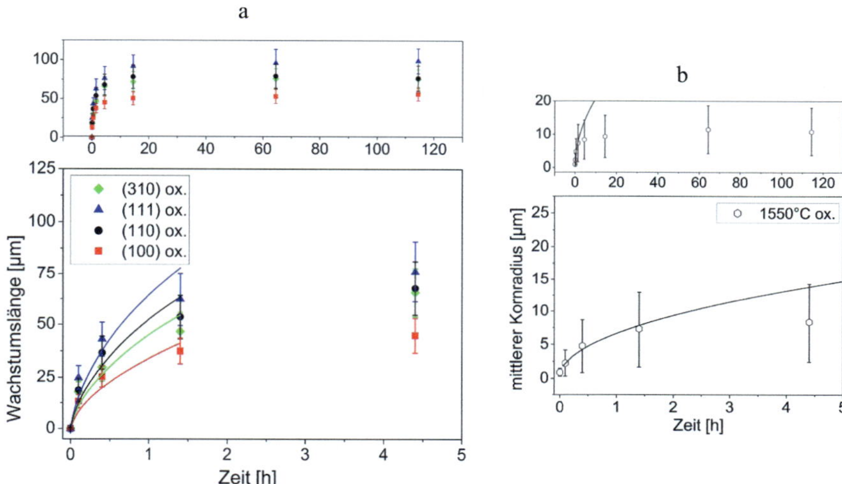

Abbildung 4.12: a Wachstumslängen der Einkristalle mit der Zeit bei 1550 °C in Sauerstoff. Der obere Einsatz zeigt die Entwicklung für lange Haltezeiten. Die durchgezogenen Linien entsprechen jeweils einer Anpassung der Gleichung 3.4. b Entwicklung des mittleren Kornradius der Matrix mit Einsatz für lange Haltezeiten. Die durchgezogene Linie ist jeweils eine Anpassung der Gleichung 2.17 (Modell von Burke und Turnbull).

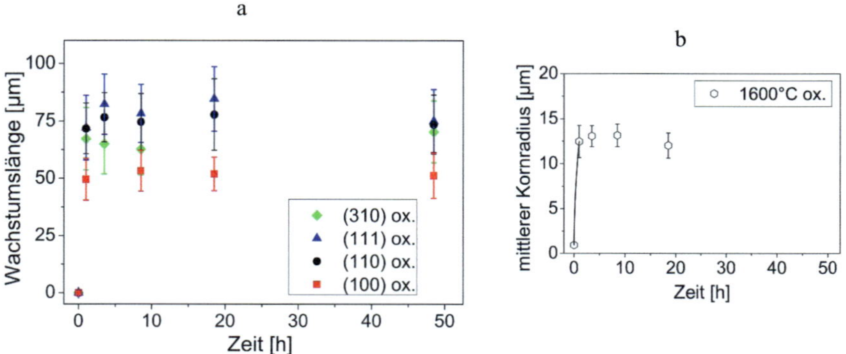

Abbildung 4.13: a Wachstumslängen der Einkristalle mit der Zeit bei 1600 °C in Sauerstoff. Die durchgezogenen Linien entsprechen einer Anpassung der Gleichung 3.4. b Entwicklung des mittleren Korndurchmessers der Matrix. Die durchgezogene Linie ist eine Anpassung der Gleichung 2.17 (Modell von Burke und Turnbull).

4.2.2 Relative Korngrenzmobilität in reduzierender Atmosphäre

Bei reduzierender Atmosphäre wurden zwei unterschiedliche Temperaturen betrachtet, 1350 °C und 1550 °C. Die Einkristalle sowie die Matrix wuchsen dabei mehr als eine Größenordnung weiter als im oxidierenden Fall. Zusätzlich wiesen die Mikrostrukturen der Matrix und insbesondere auch die Morphologie der Grenzfläche zwischen Matrix und Einkristallen einige Besonderheiten auf.

Bei 1350 °C traten im Vergleich zu allen Proben unter oxidierenden Bedingungen viele von der Grenzfläche zwischen Einkristall und Matrix vollständig überwachsene Körner und Zweitphasentaschen auf. Eine Flüssigphasenschicht konnte bei den durchgeführten REM-Untersuchungen in keinem Fall dokumentiert werden.

Die Grenzflächen verlaufen insgesamt sehr verrundet, jedoch können insbesondere an der Grenzfläche des Einkristalls stufige Bereiche beobachtet werden (vgl. Abbildungen 4.14 a und b). Eine zuverlässige Aussage über die Facettierung kann auf Basis dieser Daten jedoch nicht getroffen werden. Die vier betrachteten Orientierungen und Haltezeiten wiesen untereinander keine deutlichen morphologischen Unterschiede auf.

a   b

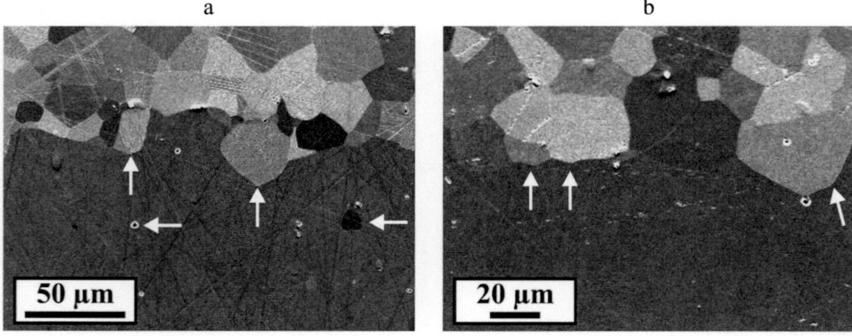

Abbildung 4.14: Mikrostrukturen von Einkristall und Matrix bei 1350 °C in N_2-H_2. a zeigt überwachsene Poren, ein überwachsenes Korn sowie einige Stufen an der Grenzfläche zwischen Einkristall und Matrix. b stufiger Verlauf der Grenzfläche zwischen Einkristall und Matrix.

In den Abbildungen 4.15 a und b sind die gemessenen Wachstumslängen und Korngrößen bei 1350 °C in N_2-H_2 zu sehen. Neben dem wurzelförmigen Verlauf ohne Stagnation fallen eine geringe Anisotropie zwischen den untersuchten Orientierungen sowie eine relativ große Standardabweichung der Wachstumslänge auf. Das deutlich schnellere Wachstum in N_2-H_2 ist in Abbildung 4.16 zu erkennen.

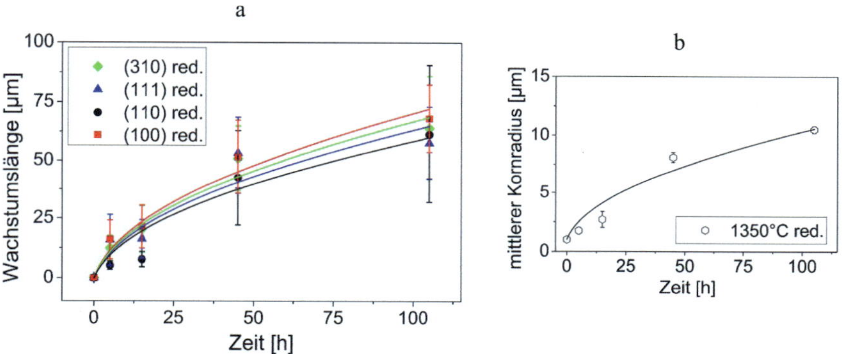

Abbildung 4.15: a Wachstumslängen der Einkristalle mit der Zeit bei 1350 °C in N_2-H_2. Die durchgezogenen Linien entsprechen einer Anpassung der Gleichung 3.4. b Entwicklung des mittleren Kornradius der Matrix. Die durchgezogene Linie ist eine Anpassung der Gleichung 2.17 (Modell von Burke und Turnbull).

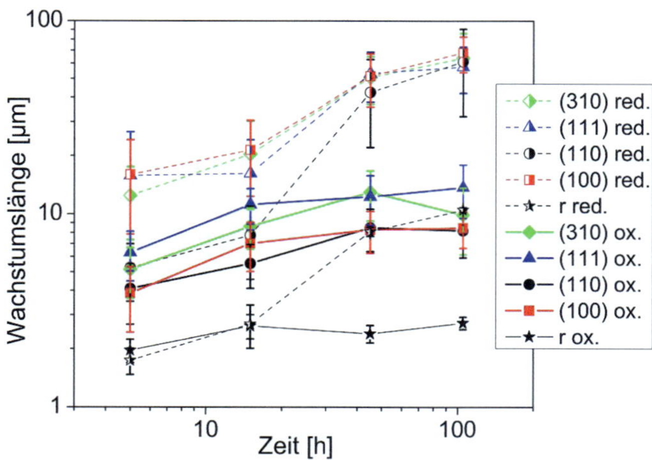

Abbildung 4.16: Vergleich der Wachstumslängen der Einkristalle sowie des mittleren Kornradius r mit der Zeit bei 1350 °C. Werte in oxidierender Atmosphäre mit ausgefüllten Symbolen und durchgezogenen Linien, Werte in reduzierender Atmosphäre mit halb gefüllten Symbolen und gestrichelten Linien. Die Skalierung ist im Gegensatz zu den anderen Grafiken logarithmisch.

Bei 1550 °C in reduzierender Atmosphäre waren ebenfalls überwachsene Körner, jedoch keine überwachsenen Zweitphasentaschen zu finden. Nach der ersten Haltezeit von sechs Minuten konnten noch keine Zweitphasenschichten festgestellt werden. Bei allen späteren Haltezeiten waren nach dem thermischen Ätzen der polierten Flächen an allen Korngrenzen, insbesondere jedoch zwischen Einkristall und Matrix, ausgetretene Zweitphasenpartikel zu sehen (Abbildungen 4.17 a und b). Diese Phase trat gleichmäßig an den Korngrenzen aus, so dass von einer Benetzung und von einem flüssigen Zustand während der Auslagerung ausgegangen werden kann.

a   b

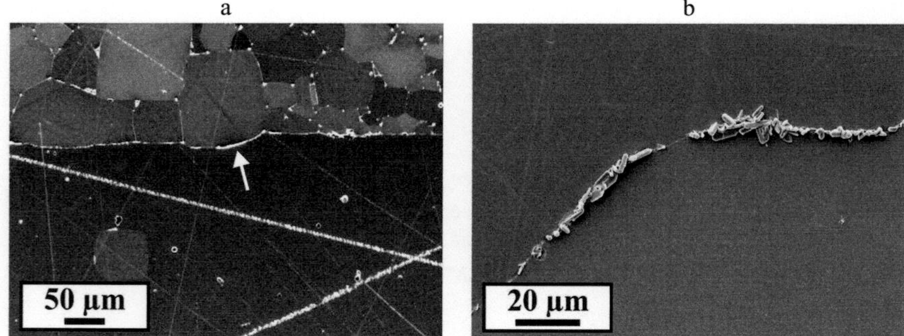

Abbildung 4.17: Mikrostruktur von Einkristall (a) und Matrix (b) bei 1550 °C in reduzierender Atmosphäre. Eine beim thermischen Ätzen ausgeschwitzte Zweitphasenschicht ist mit einem Pfeil markiert.

Durch das extreme Wachstum der Einkristalle (bis über 800 µm) war ab einer Haltezeit von 1,5 h keine zuverlässige Messung der Wachstumslänge möglich, da die Matrixmaterialien nur eine Dicke von etwas unter 1 mm aufwiesen und von den Einkristallen nahezu vollständig überwachsen wurden. Deshalb wurde die Interpretation der Daten auf Basis der Haltezeiten bis 1,5 h durchgeführt (vgl. Abbildung 4.21), so dass ein Einfluss des Probenrandes ausgeschlossen werden kann.

Die {100}-Orientierung zeigt anfangs eine makroskopisch ebene Grenzfläche, welche nach längerer Haltezeit wellig wird (Abbildungen 4.18 a-c). Bei näherer Betrachtung von Abbildung 4.18 c fällt jedoch auf, dass diese wellige Grenzfläche des Einkristalls stufig ist und diese Stufen parallel zu den Orientierungen {100} und {110} verlaufen. Interessanterweise zeigt der Rand der Wachstumsfront des Einkristalls einmal {110}- und einmal {100}-Orientierung (weiße Pfeile in Abbildung 4.18 b).

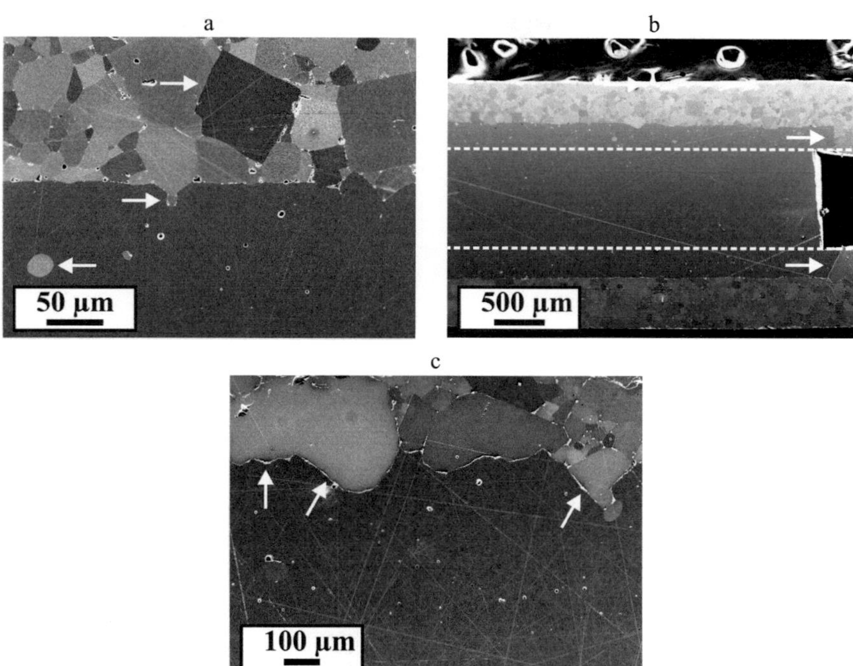

Abbildung 4.18: Mikrostruktur des Einkristalls mit {100}-Orientierung bei 1550 °C in reduzierender Atmosphäre nach 0,4 h (a), 1,4 h (b) und 4,4 h Haltezeit (c). In a sind ein überwachsenes Korn sowie facettierte Korngrenzen markiert. In b zeigen die Pfeile die unterschiedliche Facettierung am rechten Rand der Grenzfläche zwischen Einkristall und Matrix, die weiße Linie markiert die ursprüngliche Größe des Einkristalls. In c zeigen die Pfeile stufige Bereiche an der Grenzfläche.

Bei der {110}-Orientierung ist die Wachstumsfront zunächst wellig (Abbildung 4.19 a und b). Diese Wellen sind teilweise sehr eben und scheinen relativ zum Einkristall um 45° gekippt zu sein und entsprechen daher vermutlich einer {100}-Orientierung. Es kann also von einer entsprechenden Facettierung ausgegangen werden. Die Welligkeit verstärkt sich mit Dauer der Haltezeit. Der Einkristall überwächst schließlich die Matrix vollständig, so dass diese nur noch am Probenrand zu sehen ist, wo sich ebenfalls eine {100}-Facettierung einstellt (Abbildung 4.19 c).

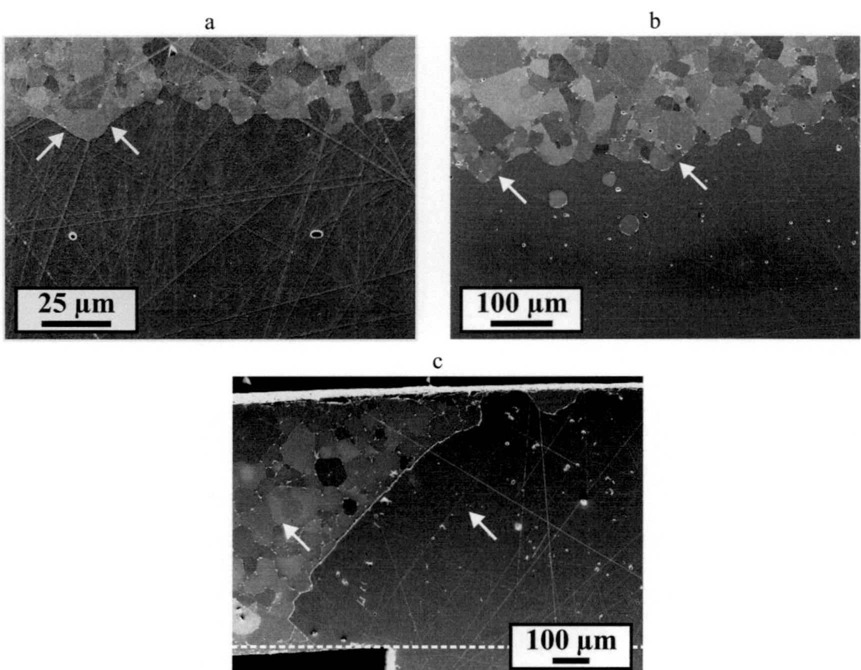

Abbildung 4.19: Mikrostruktur des Einkristalls mit {110}-Orientierung bei 1550 °C in reduzierender Atmosphäre nach 0,1 h (a), 0,4 h (b) und 1,4 h Haltezeit (c). Die Pfeile zeigen stufige Bereiche an der Grenzfläche zwischen Einkristall und Matrix. c zeigt die Facettierung des linken Randes des Einkristalls.

Die Wachstumsfront des {111}-Kristalls zeigt insgesamt ein sehr ähnliches Bild wie die {110}-Orientierung, allerdings ist keine klare Zuordnung der Wellen zu einer kristallografischen Orientierung möglich.

Die {310}-Orientierung zeigt dieses Bild der Facettierung in niederenergetische Flächen jedoch umso deutlicher, wie in den Abbildungen 4.20 a und b erkennbar ist. Bereits nach 24 min ist die Grenzfläche in Stufen aufgebrochen, welche einen Winkel von ungefähr 20° zur ursprünglichen Oberfläche des Einkristalls aufweisen. Der Winkel zwischen der {310}- und der {100}-Orientierung beträgt 18,4°, so dass auch in diesem Fall von einer {100}-Facettierung ausgegangen werden kann. Nach 84 min sind diese Stufen extrem ausgeprägt und erreichen Längen im Millimeterbereich (Abbildung 4.20 b).

Insgesamt wurde bei allen Proben eine starke Neigung zur Facettierung in {100}- oder {110}-Orientierung beobachtet. Da die von {100} verschiedenen Orientierungen in entsprechende Stufen aufbrechen, ist ein Einfluss auf die weitere Dateninterpretation zu erwarten. So entsteht durch dieses Aufbrechen zunächst eine sehr starke Welligkeit der Grenzflächen, welche in der Standardabweichung der Wachstumslänge zum Ausdruck kommt. Außerdem liegt in den jeweiligen Fällen auch makroskopisch gesehen nicht mehr die Ausgangsorientierung vor. So ist beispielsweise aus der {310}-Orientierung in Abbildung 4.20 b weitgehend eine {100}-Orientierung geworden.

Die bei 1550 °C in reduzierender Atmosphäre gemessenen Wachstumslängen und Korngrößen sind in Abbildung 4.21 a und b grafisch dargestellt. Ein Vergleich mit der Messreihe unter oxidierenden Bedingungen (Abbildung 4.22) verdeutlicht die extremen Wachstumslängen von bis zu 800 µm. Aufgrund der oben erwähnten Unsicherheit für längere Haltezeiten wurden nur die ersten 1,5 h zur Ermittlung der Wachstumskonstanten genutzt. Es zeigen sich in diesem Bereich wieder ein wurzelförmiger Verlauf aller Messkurven mit der Zeit sowie eine deutliche Anisotropie der Wachstumslänge. Das verlangsamte Wachstum bei längeren Haltezeiten ist darauf zurückzuführen, dass die Grenzflächen bereits auf einem Teil ihrer Breite die komplette Matrix überwachsen haben und an den Probenrand angestoßen sind, so dass diese Werte unterschätzt wurden.

a   b

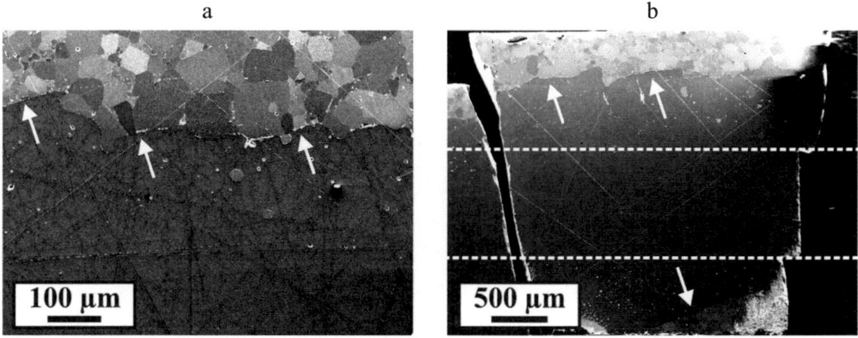

Abbildung 4.20: Mikrostruktur des Einkristalls mit {310}-Orientierung bei 1550 °C in reduzierender Atmosphäre nach 0,4h (a) und 1,4h Haltezeit (b). In beiden Bildern sind Stufen in der Grenzfläche zwischen Einkristall und Matrix markiert. In b ist die ursprüngliche Lage der Grenzfläche zwischen Einkristall und Matrix durch weiße gestrichelte Linien markiert.

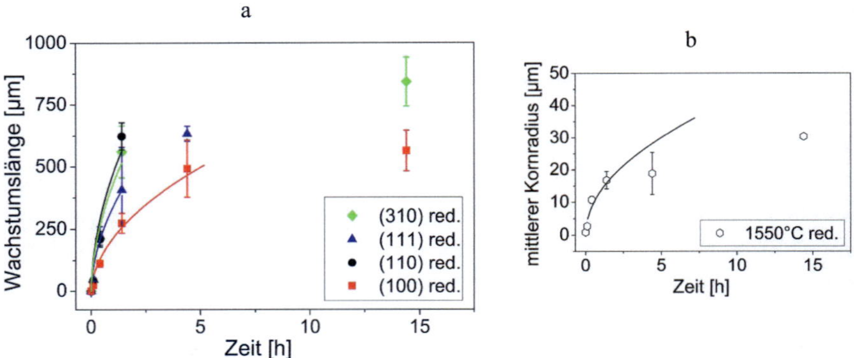

Abbildung 4.21: a Wachstumslängen der Einkristalle mit der Zeit bei 1550 °C in N₂-H₂. Die durchgezogenen Linien entsprechen einer Anpassung der Gleichung 3.4. b Entwicklung des mittleren Kornradius der Matrix. Die durchgezogene Linie ist eine Anpassung der Gleichung 2.17 (Modell von Burke und Turnbull).

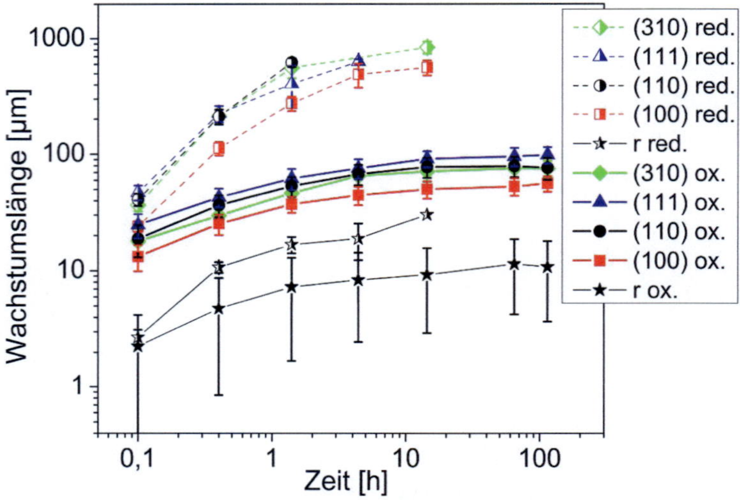

Abbildung 4.22: Vergleich der Wachstumslängen der Einkristalle sowie des mittleren Kornradius mit der Zeit bei 1550 °C. Werte in oxidierender Atmosphäre mit ausgefüllten Symbolen und durchgezogenen Linien, Werte in reduzierender Atmosphäre mit halb gefüllten Symbolen und gestrichelten Linien. Die Skalierung ist im Gegensatz zu den anderen Grafiken logarithmisch.

4.2.3 Vergleich der relativen Korngrenzmobilität

In den Abschnitten 4.2.1 und 4.2.2 wurde die Entwicklung der Wachstumslängen mit der Zeit bei verschiedenen Temperaturen und Atmosphären gezeigt. Die Messpunkte wurden jeweils mit der Gleichung 3.4 angepasst, wobei der Quotient der Korngrenzmobilität von Einkristall und Matrix m_{Ek}/m_{matrix} ermittelt wurde. Diese Quotienten sind für alle durchgeführten Messreihen in Abbildung 4.23 dargestellt. Die ausgefüllten Symbole mit durchgezogenen Linien zeigen die Werte für oxidierende, die ungefüllten Symbole ohne Linie die Werte für reduzierende Atmosphäre. Die Fehlerbalken geben jeweils den Standardfehler der Anpassung an. Die Ordinate ist logarithmisch dargestellt. Die genauen Zahlenwerte sind in Tabelle 4.1 aufgelistet. Gemäß der Definition der relativen Mobilität als m_{Ek}/m_{matrix} bedeuten Werte kleiner als eins eine geringere Mobilität des Einkristalls verglichen mit der Matrix, Werte größer als eins entsprechend eine höhere. An dieser Stelle wird an den Faktor λ/α erinnert, welcher der Herleitung der Kinetik des Einkristalls entstammt und tendenziell zu einer Unterschätzung der relativen Mobilität führt (vgl. Abschnitt 3.5.4

Es zeigt sich bei allen außer den zwei im Folgenden angeführten Messreihen eine deutliche Anisotropie der Mobilität der Einkristalle (vgl. Tabelle 4.1). Bei 1350 °C in reduzierender Atmosphäre existiert annähernd keine Anisotropie, bei 1600 °C in oxidierender Atmosphäre unterscheidet sich lediglich die Mobilität der {100}-Orientierung von den übrigen Werten. Der häufig angenommene Trend einer mit der Temperatur sinkenden Anisotropie kann daher nicht bestätigt werden.

Weiterhin fällt auf, dass die meisten ermittelten Werte relativ nahe bei eins liegen. Dies bedeutet, dass die Mobilität der Einkristalle sich in diesen Fällen nicht grundlegend von der der Matrix unterscheidet. Einige Werte fallen jedoch aus diesem Schema heraus. So ist die Mobilität der {100}-Orientierung bei 1380 °C in Sauerstoff nur halb so groß wie die der Matrix. Viel bedeutender sind jedoch die Messwerte bei 1460 °C in oxidierender und bei 1550 °C in reduzierender Atmosphäre. In beiden Fällen ist die Mobilität der Einkristalle aller Orientierungen deutlich höher als die der Matrix.

Zuletzt lohnt eine Betrachtung der Reihenfolge der relativen Mobilität bezüglich der Orientierung. Im oxidierenden Fall besitzt die {111}-Orientierung fast immer die größte Mobilität. Die {100}-Orientierung als energetisch günstigste Oberfläche in $SrTiO_3$ (vgl. Abschnitt 4.1) zeigt in einigen Fällen eine geringe (1380 °C, 1550 °C und 1600 °C) und in einigen eine relativ hohe Mobilität

(1250 °C und 1460 °C). Schließlich besitzt die {110}-Orientierung bis 1460 °C eine relativ geringe Mobilität, ab dann jedoch eine relativ hohe.

Da die Darstellung in Abbildung 4.23 nur relative Werte auflistet, geht die Größenordnung der Wachstumsgeschwindigkeit verloren. Für die Matrix kann diese der Tabelle 4.1 entnommen werden. Die Wachstumskonstanten der Einkristalle sind nur mit einer Annahme zu berechnen und finden sich daher in der Diskussion (vgl. Abschnitte 5.2.2 und 5.6).

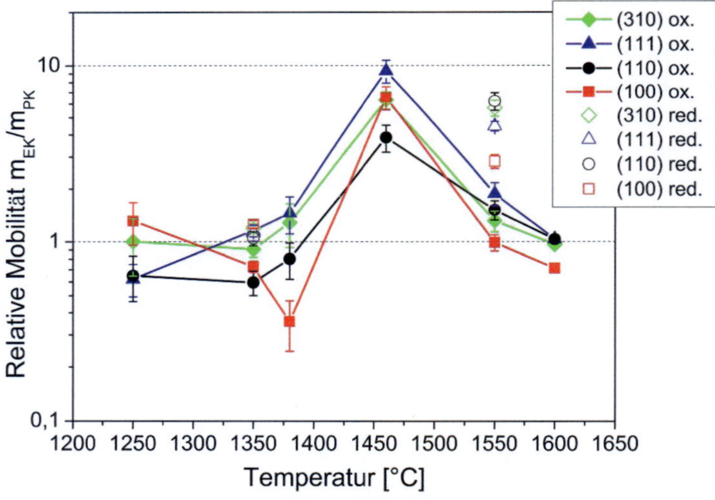

Abbildung 4.23: relative Mobilität der Einkristalle zwischen 1250 °C und 1600 °C. Werte in oxidierender Atmosphäre sind mit ausgefüllten Symbolen und durchgezogener Linie dargestellt, Werte in reduzierender Atmosphäre mit ungefüllten Symbolen. Die Ordinate ist logarithmisch skaliert. Die Fehlerbalken geben jeweils den Standardfehler des Fitvorgangs an.

T [°C]	Atmosphäre	k_{matrix} [m²/s]	m_{EK}/m_{matrix}				Anisotropie
			{100}	{110}	{111}	{310}	
1250	O_2	8,27E-18	1,31	0,65	0,62	1,00	2,12
1350	O_2	4,88E-16	0,73	0,60	1,15	0,91	1,94
1380	O_2	1,21E-16	0,36	0,80	1,46	1,28	4,09
1460	O_2	4,01E-16	6,54	3,86	9,33	6,32	2,42
1550	O_2	4,80E-14	0,99	1,52	1,88	1,31	1,90
1600	O_2	1,72E-13	0,71	1,03	1,04	0,97	1,46
1350	N_2-H_2	1,17E-15	1,26	1,04	1,12	1,19	1,20
1550	N_2-H_2	2,01E-13	2,83	6,22	4,47	5,68	2,20

Tabelle 4.1: gemessene relative Mobilitäten und Wachstumskonstanten in oxidierender und reduzierender Atmosphäre. Die Anisotropie wurde bei jeder Temperatur berechnet als Verhältnis zwischen der höchsten und der geringsten gemessenen Mobilität.

4.2.4 Benetzung der Korngrenzen

In Abschnitt 4.2.2 wurde bereits von einer benetzenden Zweitphase an den Korngrenzen berichtet. Dieser Effekt war nur in reduzierender Atmosphäre bei 1550 °C zu beobachten. Da zwischen trockenen und benetzten Korngrenzen viele fundamentale Unterschiede bestehen, wurde eine Versuchsreihe durchgeführt zur Klärung der Bedingungen, unter denen diese benetzende Zweitphase beobachtet werden kann. Die nachfolgenden Experimente wurden mit den Stöchiometrien Sr/Ti = 0,996 und 1 durchgeführt, die Ergebnisse unterscheiden sich nicht signifikant voneinander. Daher zeigen die folgenden Abbildungen nur die Proben mit Sr/Ti = 1.

Die dazu bei 1425 °C oxidierend vorgesinterten Proben weisen ein Gefüge auf wie in Abbildung 4.24 dargestellt. Eine Zweitphase an den Korngrenzen ist nicht zu sehen.

Wenn diese vorgesinterten Körper unter ausreichend hohen Temperaturen (1550 °C) reduzierend ausgelagert werden, so ist zusätzlich zu zweitphasengefüllten Tripeltaschen an den Korngrenzen eine benetzende Flüssigphasenschicht zu erkennen (Abbildungen 4.25 a und b). Da die Aufnahmen unter Verwendung des Rückstreuelektronendetektors angefertigt wurden, liegen in den hellen Bildbereichen leichtere Elemente vor als in den dunklen (vgl. Abschnitt 3.4).

Abbildung 4.24: Mikrostruktur von stöchiometrischem Material nach dem Sintern bei 1425 °C für 1 h in Sauerstoff.

Die Dicke der Schichten an einer Korngrenze scheint nicht konstant zu sein. Es sind vielmehr leichte Einschnürungen in der Nähe der Tripelpunkte zu erkennen, wie die schwarzen Pfeilen in den Abbildungen 4.25 a und b zeigen. Die Struktur dieser unterbrochenen Schichten wurde mittels TEM näher charakterisiert (Abbildung 4.26 a und b). Im gleichen Material sind jedoch auch völlig trockene Korngrenzen zu beobachten (Abbildung 4.26 c).

Gleichzeitig mit dem Auftreten der benetzenden Schichten kann ein sehr ausgeprägtes Kornwachstum beobachtet werden, die Mikrostruktur in Abbildung 4.25 entstand während einer Haltezeit von nur 6 Minuten.

a   b

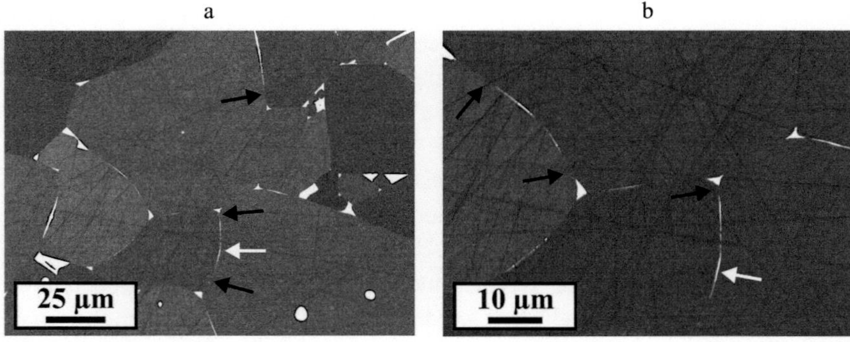

Abbildung 4.25: a und b Mikrostruktur von bei 1425 °C für 1 h in Sauerstoff vorgesintertem Material (Abb. 4.24), welches anschließend bei 1550 °C für 6 min in N$_2$-H$_2$ ausgelagert wurde. Die entstandenen Flüssigphasenschichten sind jeweils mit weißen Pfeilen markiert, Unterbrechungen in den Schichten mit schwarzen Pfeilen.

Bei einer Temperatur von 1500 °C in N_2-H_2 und darunter wiesen die Korngrenzen keine Flüssigphasenschicht auf, wie die TEM-Aufnahmen in den Abbildungen 4.27 a und b belegen. Weiterhin ist eine Facettierung der Korngrenze in kleine Stufen zu sehen. Diese Art der Facettierung kann im REM aufgrund der geringen Auflösung nicht nachgewiesen werden. Auch die in den REM-Aufnahmen sichtbaren makroskopisch runden Korngrenzen scheinen also facettiert zu sein.

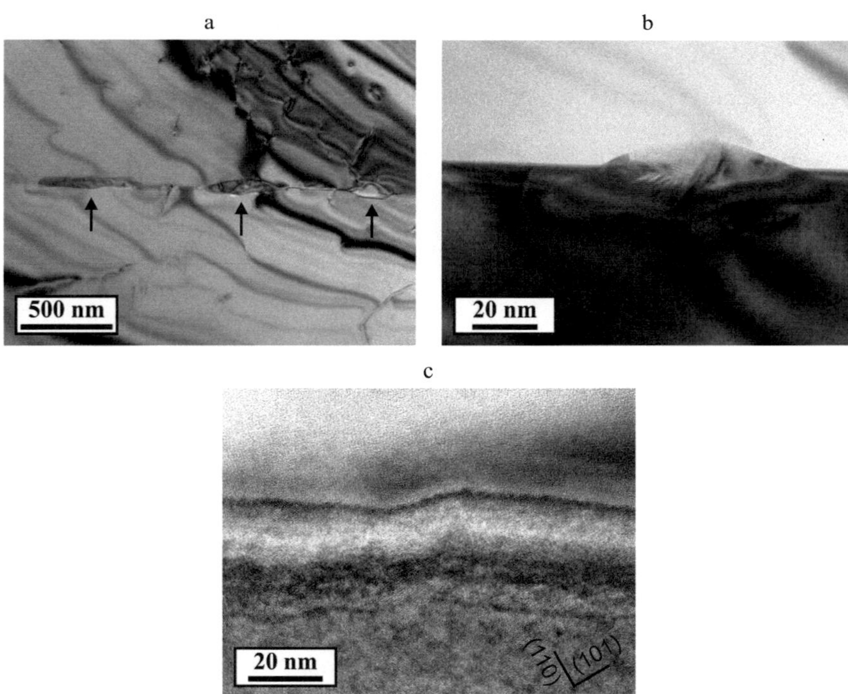

Abbildung 4.26: TEM-Aufnahmen unterschiedlicher Korngrenzen einer Probe, welche analog zu der in Abbildung 4.25 a und b hergestellt wurde (oxidierende Sinterung, danach 1,5 h bei 1550 °C in N_2-H_2, abgeschreckt). a zeigt eine Korngrenze mit einzelnen, langgestreckten Zweitphasenpartikeln und b einen solchen Partikel bei stärkerer Vergrößerung. In c ist eine trockene, facettierte Korngrenze zu erkennen, die Orientierungen zweier kristallographischer Ebenen sind eingeblendet.

Das Kornwachstum zeigt allerdings analog zu dem bei 1550 °C eine sehr hohe Geschwindigkeit (vgl. Abschnitt 5.6). Zwischen 1460 °C und 1500 °C konnte zusätzlich ein ausgeprägtes abnormales Kornwachstum beobachtet werden. Die Matrix wuchs dabei nur mit sehr geringer Geschwindigkeit (Abbildung 4.28 a und b).

Wird die Mikrostruktur aus Abbildung 4.25 abermals ausgelagert, allerdings bei niedrigerer Temperatur (1350 °C) und in oxidierender (Abbildungen 4.29 a und b) oder auch reduzierender Atmosphäre (Abbildungen 4.29 c und d), so ist diese benetzende Schicht nicht mehr sichtbar. Stattdessen zeigen sich an den Korngrenzen einzelne linsenförmige Ansammlungen der Zweitphase (weiße Pfeile in den Abbildungen 4.29 a-d). Zwischen diesen linsenförmigen Partikeln ist die Korngrenze frei von jeglicher amorphen Schicht, wie die TEM-Aufnahme in Abbildung 4.30 belegt.

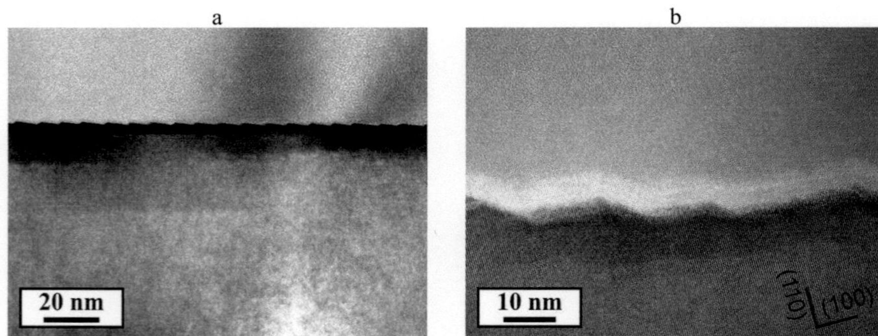

Abbildung 4.27: TEM-Aufnahme einer Korngrenze nach einer Wärmebehandlung von 1,5 h bei 1500 °C in N_2-H_2. a und b sind unterschiedliche Vergrößerungen der gleichen Korngrenze. In beiden Fällen wurde eine kristallographische Ebene des unteren Korns parallel zum Elektronenstrahl ausgerichtet. Die Korngrenze ist in kleine Stufen facettiert und frei von einer amorphen Schicht. Die Probe wurde vor der Wärmebehandlung bei 1425 °C in O_2 dichtgesintert. In b sind die Orientierungen zweier kristallographischer Ebenen eingeblendet.

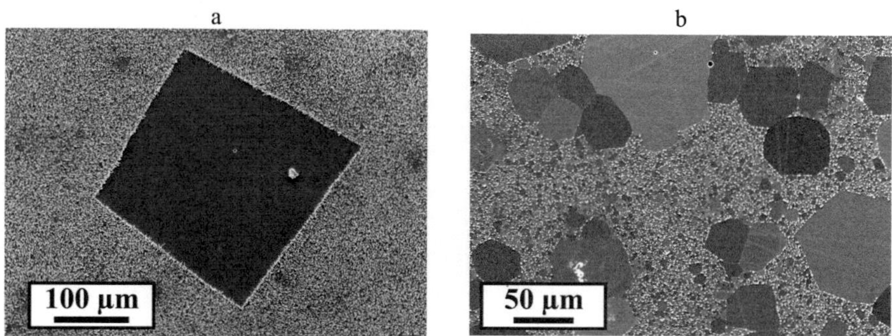

Abbildung 4.28: Abnormales Kornwachstum bei 1460 °C nach 20 h (a) und 1480 °C nach 1 h, jeweils in N_2-H_2.

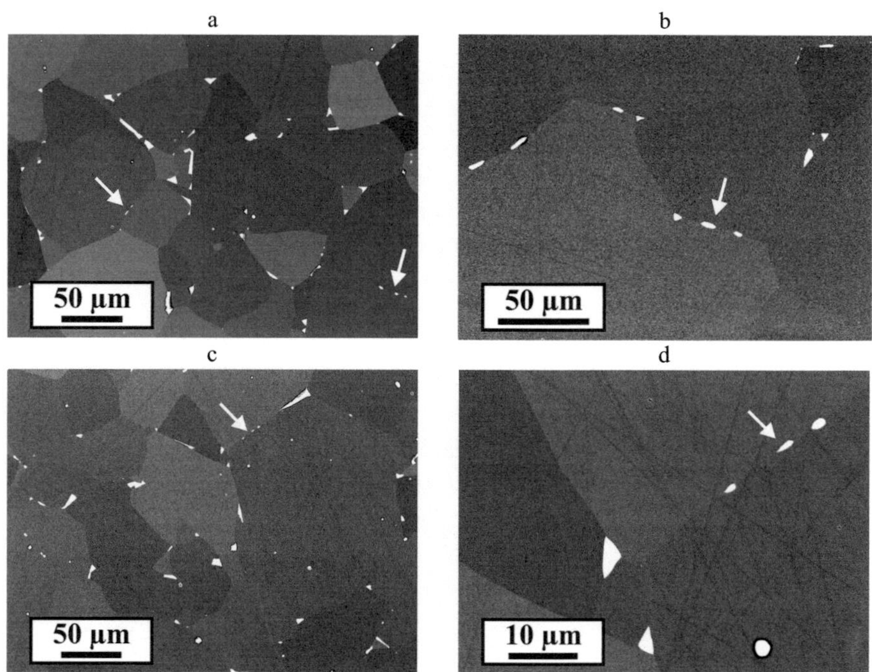

Abbildung 4.29: Material aus Abbildung 4.25, welches zusätzlich bei 1350 °C für 10 h in Sauerstoff (a und b) oder N_2-H_2 (c und d) ausgelagert wurde. Die Flüssigphasenschichten sind jeweils in linsenförmige Partikel zerfallen (weiße Pfeile).

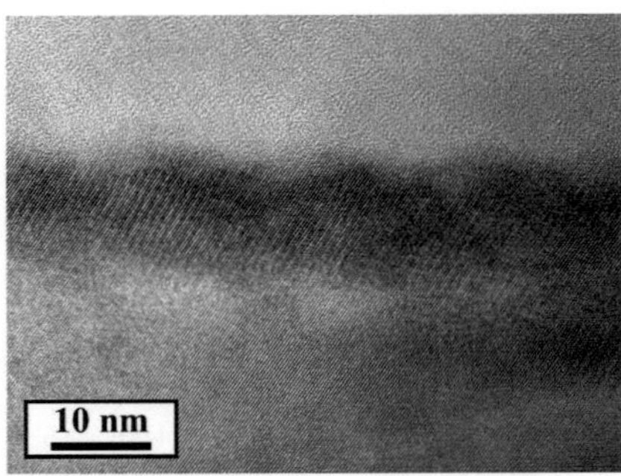

Abbildung 4.30: TEM-Aufnahme einer Korngrenze der Probe aus Abbildung 4.29 a. Eine kristallographische Ebene des unteren Korns wurde parallel zum Elektronenstrahl ausgerichtet. Die Korngrenze ist facettiert und frei von einer amorphen Schicht.

Um eine mögliche Reversibilität der Bildung der Flüssigphasenschichten zu überprüfen, wurden die Proben aus Abbildung 4.29 a erneut in reduzierender Atmosphäre bei 1550 °C ausgelagert, also unter den gleichen Bedingungen, welche in Abbildung 4.25 zur Bildung von benetzenden Schichten führten. Die Mikrostrukturen wiesen auch in diesem Fall wieder solche Schichten auf, wie Abbildung 4.31 zeigt. Allerdings scheint die Dicke der Schichten wesentlich geringer und stärker unterbrochen zu sein. Die Schichten bestehen vielmehr aus einzelnen Abschnitten, welche sich mit kurzen Bereichen trockener Korngrenzen abwechseln. Diese Morphologie wurde bereits an Teilen der Schichten in Abbildung 4.25 beobachtet und mittels TEM näher charakterisiert (Abbildungen 4.26 a und b).

Zur Klärung der chemischen Zusammensetzung der Zweitphase wurden EDX-Messungen im REM durchgeführt. Die laterale Auflösung im Bereich weniger Mikrometer macht eine Messung an Korngrenzen unmöglich, daher wurden sechs verschiedene zweitphasengefüllte Tripeltaschen betrachtet (vgl. Tabelle 4.2). Dabei wurden ausschließlich die Elemente Strontium, Titan, Sauerstoff und Kohlenstoff gefunden, letzterer stammt von der Bedampfung der Proben und Adsorbaten am Detektor. Der Quantifizierung zufolge ist die Zusammensetzung der untersuchten Taschen übereinstimmend titanreich mit einem Sr/Ti-Verhältnis von 11,2 mol% zu 88,8 mol%, entspricht jedoch nicht der eutektischen Zusammensetzung (Sr/Ti-Verhältnis 25 mol% zu 75 mol% [168]). Unter Annahme eines oxidierten Zustands des Titans und des Strontiums sind 36,15 mol% Sauerstoff in der Zweitphase zu erwarten, der tatsächlich gemessene Wert von 50,6 mol% weicht allerdings davon ab. Diese Abweichung könnte beispielsweise durch adsorbiertes Wasser oder in der Bedampfung und am Detektor gebundenem CO_2 begründet sein.

Als Vergleich zu den Messungen an der Zweitphase wurden fünf Messungen in unterschiedlichen Körnern durchgeführt, wobei die gleichen Elemente gefunden wurden (Tabelle 4.3). Das Verhältnis zwischen Strontium, Titan und Sauerstoff entspricht in diesen Messungen mit ungefähr 12:11:37 weitgehend der erwarteten Zusammensetzung von 1:1:3 in $SrTiO_3$.

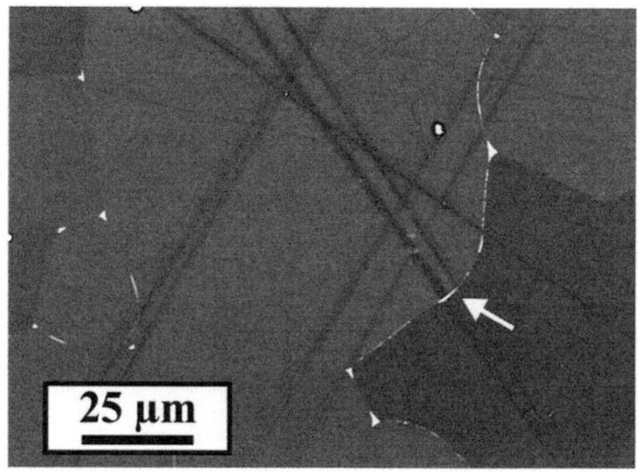

Abbildung 4.31: Material aus Abbildung 4.29 a, welches zusätzlich bei 1550 °C für 2 h in N_2-H_2 ausgelagert wurde. Eine der entstandenen Schichten ist mit einem Pfeil markiert.

Sr	Sr-Fehler	Ti	Ti-Fehler	O	O-Fehler	C	C-Fehler
2,47	0,14	17,11	0,79	48,1	4,04	32,32	2,61
3,12	0,18	17,96	0,83	51,4	4,3	27,52	2,24
1,5	0,09	18,73	0,88	51,99	4,34	27,77	2,25
3,45	0,19	13,67	0,62	46,7	3,9	36,18	2,91
1,18	0,07	17,49	0,83	53,03	4,38	28,31	2,28
1,16	0,07	17,02	0,81	52,51	4,34	29,3	2,36
Mittelwerte							
2,15		17,00		50,62		30,23	

Tabelle 4.2: EDX-Messungen an zweitphasengefüllten Tripeltaschen. Alle Werte in mol-%.

Sr	Sr-Fehler	Ti	Ti-Fehler	O	O-Fehler	C	C-Fehler
11,78	0,78	11,01	0,49	36,84	3,11	40,37	3,25
12,53	0,84	11,69	0,53	38,82	3,27	36,96	2,99
12,15	0,82	11,7	0,54	36,36	3,09	39,8	3,22
11,22	0,74	10,63	0,49	36,78	3,1	41,36	3,32
11,53	0,76	11,37	0,53	38,57	3,24	38,53	3,11
Mittelwerte							
11,84		11,28		37,47		39,40	

Tabelle 4.3: EDX-Messungen an Körnern aus $SrTiO_3$. Alle Werte in mol-%.

4.2.5 Hemmende Effekte auf das Kornwachstum

Wie in Abschnitt 4.2.1 erwähnt, scheint in vielen Versuchen dieser Studie ein hemmender Einfluss auf das Kornwachstum zu wirken. Dieser Effekt zeigte sich nur in oxidierender Atmosphäre ab 1350 °C (Abbildungen 4.9-4.13), bei 1250 °C ist die Hemmung des Wachstums wegen der großen Streuung nur undeutlich zu erkennen, scheint aber ab einer Haltezeit von 200 h ebenfalls vorzuliegen (Abbildung 4.8). Besonders hervorzuheben ist die gleichmäßige Wirkung sowohl auf das Kornwachstum der Matrix als auch auf die Bewegung der Grenzfläche zwischen Einkristall und Matrix.

4.2.5.1 Einfluss der Zweitphasenpartikel

Zur Eingrenzung der möglichen Ursachen für diesen Effekt wurden Kornwachstumsversuche mit unterschiedlicher Stöchiometrie (Sr/Ti = 0,98...1,005) durchgeführt. Die Variation des Titangehalts führte zu einem unterschiedlichen Anteil an Zweitphasenpartikeln im Gefüge. Abbildung 4.32 a und c zeigt zwei Mikrostrukturen mit Sr/Ti = 0,98 bei 1350 °C beziehungsweise 1600 °C. Deutlich sind die Zweitphasenpartikel zu erkennen. Bei 1600 °C sitzt in jeder Tripeltasche eine kleine Ansammlung, bei 1350 °C ist die Verteilung etwas ungleichmäßiger. Bei Sr/Ti = 1,005 (Abbildungen 4.32 b und d) ist keine Zweitphase im Gefüge zu erkennen, die weißen Partikel in der linken oberen Ecke von Abbildung 4.32 b sind Schmutzpartikel aus der Probenpräparation.

Die Entwicklung der Korngröße dieser Proben ist in Abbildung 4.33 a und b dargestellt. Die schwarze Linie entspricht dem erwarteten Verlauf nach dem Modell von Burke und Turnbull unter Annahme der bei kurzen Haltezeiten gemessenen Kornwachstumskonstanten aus Abbildung 4.9 beziehungsweise 4.13.

In beiden Fällen liegen alle gemessenen Korngrößen deutlich unterhalb des berechneten Verlaufs, die Hemmung des Kornwachstums liegt also für alle Stöchiometrien vor. Zusätzlich besteht weder innerhalb einer Temperatur noch zwischen den beiden Temperaturen ein Zusammenhang zwischen der erreichten Korngröße und der Stöchiometrie. Somit ist kein Zusammenhang mit dem Anteil an Zweitphasenpartikeln vorhanden.

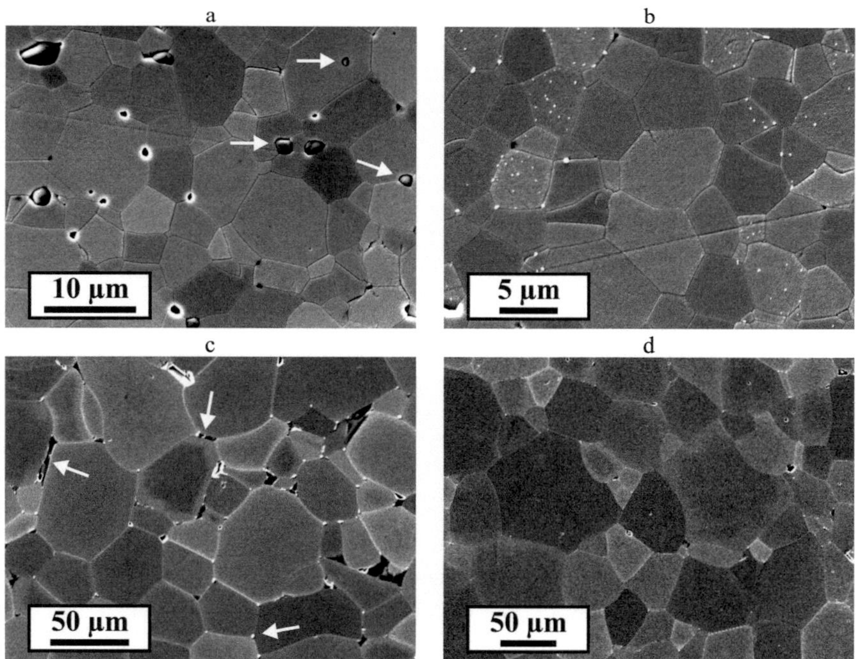

Abbildung 4.32: Verteilung der Zweitphase im Gefüge bei 1350 °C in Luft mit Sr/Ti = 0,98 (a) und Sr/Ti = 1,005 (b) und bei 1600 °C in Sauerstoff mit Sr/Ti = 0,98 (c) und Sr/Ti = 1,005 (d) . In a und c sind einige Zweitphasenpartikel markiert.

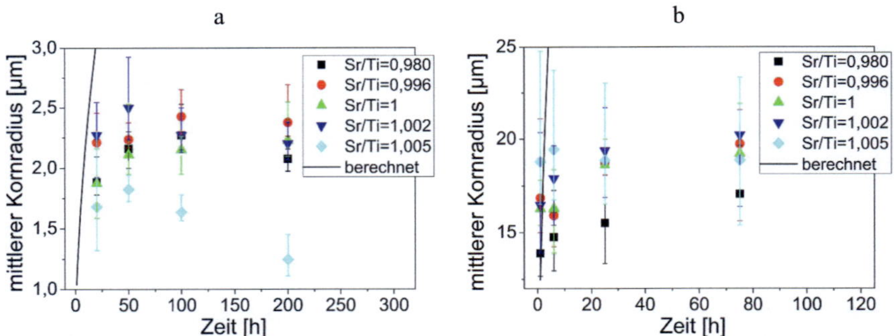

Abbildung 4.33: Kornwachstumsversuche mit verändertem Sr/Ti-Verhältnis, a bei 1350 °C in Luft und b 1600 °C in Sauerstoff. Die berechnete Kurve wurde nach dem Modell von Burke und Turnbull sowie verfügbaren Literaturdaten [79] erstellt.

4.2.5.2 Entwicklung der gemessenen Korngrößenverteilungen

Im Rahmen eines hemmenden Effekts auf das Kornwachstum entsteht ein Einfluss auf die Korngrößenverteilung. In Abbildung 4.34 a ist die Entwicklung der Korngrößenverteilung mit der Zeit bei 1550 °C in oxidierender Atmosphäre dargestellt. Die Proben wurden vor der Auslagerung bei 1425 °C für 1 h in Sauerstoff dichtgesintert, diesen Zustand gibt die Verteilung nach 0 h Haltezeit wieder. Die Kurven sind jeweils auf den mittleren Kornradius normiert.

Beim Betrachten der Verteilungen in Abbildung 4.34 a fällt eine systematische Verschiebung des Maximums mit der Haltezeit auf. Diese kann jedoch in dieser Darstellung nur schwer erkannt werden. Zur Verdeutlichung des Effekts ist eine weitere Auswertung der Verteilungen nötig. In Abbildung 4.34 b ist die Verteilung zum Zeitpunkt 0h mit der Verteilung von Hillert (vgl. Abbildung 2.1) sowie einer Anpassung einer logarithmischen Normalverteilung gegenübergestellt. Die Verteilung von Hillert weicht deutlich von der gemessenen Verteilung ab, allerdings ist eine präzise Beschreibung mit einer logarithmischen Normalverteilung möglich (vgl. auch Tabelle 4.4). Diese Beobachtung findet sich auch in der Literatur [6]. Daher können die Verteilungskurven für die weitere Betrachtung als logarithmisch normalverteilt angenähert werden.

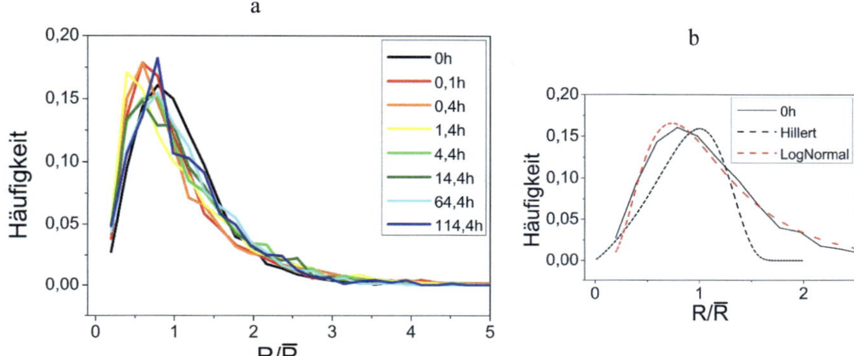

Abbildung 4.34: Entwicklung der Korngrößenverteilungen bei 1550 °C in oxidierender Atmosphäre. a Haltezeiten von 0 h bis 114,4 h. b Haltezeit von 0 h im Vergleich mit der Anpassung einer logarithmischen Normalverteilung sowie der Korngrößenverteilung nach Hillert (vgl. Abschnitt 2.1.2). Die Korngrößenverteilungen sind jeweils auf den mittleren Korndurchmesser normiert und wurden bei einem Kornradius von 5 beziehungsweise 2,5 abgeschnitten. Die Entwicklung des mittleren Kornradius mit der Zeit kann Tabelle 4.4 entnommen werden.

Auf dieser Annahme basierend wurde an alle Kurven aus Abbildung 4.34 a eine entsprechende Funktion angepasst. Die so erhaltenen Kurven zeigt Abbildung 4.35 a, wobei die Kurven beim 1,5-fachen mittleren Korndurchmesser abgeschnitten wurden. Oberhalb dieses Wertes gehen die Kurven ineinander über. Abbildung 4.35 b zeigt eine vergrößerte Ansicht von Abbildung 4.35 a. Nun ist die systematische Verschiebung der Maxima der Verteilungskurven mit der Haltezeit erkennbar (graue Kurve). Diese Verschiebung gliedert sich in zwei Phasen.

Die erste findet in den ersten 1,4 h (gelbe Kurven in Abbildung 4.35 a und b) der Haltezeit statt. Ausgehend von der Ausgangsverteilung (schwarz) wandert das Maximum (farbige Quadrate) in Richtung kleinerer mittlerer Korngrößen. Nach Abbildung 4.12 kann ab 1,4 h kein Kornwachstum mehr beobachtet werden. Die erste Verschiebungsphase fällt also mit dem Übergang des Wachstums vom ungehemmten in den gehemmten Zustand zusammen.

In der zweiten Phase erfolgt ab 1,4 h Haltezeit eine Verschiebung der Maxima zurück zu größeren mittleren Korngrößen. Währenddessen befindet sich das Kornwachstum im gehemmten Zustand.

Die Aufteilung der Verschiebung in zwei Phasen wird besonders deutlich, wenn die normierte Korngröße der Maxima über die Zeit aufgetragen wird (Abbildung 4.35 c).

Unabhängig davon verbreitern sich ab 0,1 h Haltezeit die Verteilungsfunktionen, erkennbar durch das Absinken der maximalen Häufigkeit.

Haltezeit [h]	Mittlerer Kornradius [μm]	Determinationskoeffizient (R^2, a.u.)
0	0,92	0,99029
0,1	2,26	0,99673
0,4	4,76	0,99505
1,4	7,31	0,98548
4,4	8,36	0,99516
14,4	9,30	0,99280
64,4	11,47	0,98938
114,4	10,85	0,96691

Tabelle 4.4: Mittlerer Kornradius für alle Haltezeiten in Abbildung 4.34 a sowie die Determinationskoeffizienten der angepassten Kurven in Abbildung 4.35 a und b.

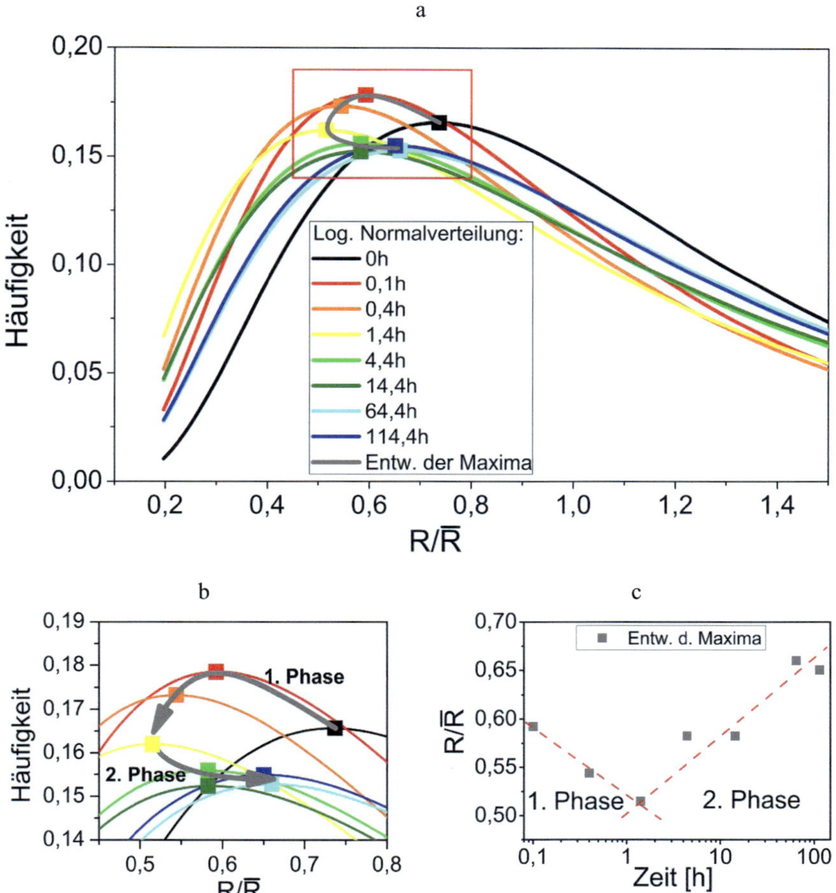

Abbildung 4.35: a Daten aus Abbildung 4.34 a angenähert durch logarithmische Normalverteilungen bis $R/\overline{R} = 1,5$. Die Maxima der Kurven sind jeweils mit einem Quadrat markiert. Die graue Kurve zeigt die Verschiebung der Maxima mit zunehmender Haltezeit. **b** Vergößerung des in a rot umrandeten Bereichs. Die beiden Phasen der Verschiebung sind durch graue Pfeile hervorgehoben. **c** Entwicklung der Maxima aus a über die Haltezeit mit skizziertem Entwicklungstrend der beiden Verschiebungsphasen (rot gestrichelte Linien). Die Determinationskoeffizienten der angepassten Verteilungen sowie die Entwicklung des mitteren Kornradius sind in Tabelle 4.4 aufgelistet.

4.2.5.3 Entwicklung der berechneten Korngrößenverteilungen

Ergänzend zur Betrachtung der gemessenen Korngrößenverteilungen erfolgte deren Berechnung mittels des Modells von Hillert, wobei unterschiedliche hemmende Effekte integriert wurden. Die verwendeten Parameter der Berechnung sind in Tabelle 4.1 zusammengefasst. Die entsprechenden Korngrößenverteilungen sind in den Abbildungen 4.36 a-g gegenübergestellt. Jedes Diagramm enthält 25 Korngrößenverteilungen, welche unter Annahme des jeweiligen hemmenden Effekts mit der Zeit aus der Verteilung von Hillert hervorgehen. Jede Verteilung ist auf den mittleren Korndurchmesser normiert. Die farbliche Kodierung der Einzelkurven wurde anhand der jeweiligen Anzahl Körner gewählt.

In Abbildung 4.36 a wurde das Modell von Hillert ohne Modifikation verwendet. Alle berechneten Kurven liegen genau übereinander, entsprechend der theoretischen Forderung des selbstähnlichen Wachstums (vgl. Abschnitt 2.1.2).

Die Integration des Zener-Pinnings führt zur Entwicklung in Abbildung 4.36 b. Die Verteilungsfunktion wird insgesamt schmaler. Das Maximum verschiebt sich leicht zu kleineren Korngrößen, und bei großen Korngrößen erscheint eine leichte Schulter in der Verteilungsfunktion (Pfeil in Abbildung 4.36 b). Diese Entwicklung kann analog unter Triple-Pocket-Drag beobachtet werden, die Unterschiede zwischen diesen beiden Modellen sind nur minimal (Abbildung 4.36 c).

Abbildung 4.36 d und f zeigen den Einfluss von Solute Drag für unterschiedliche Werte des Parameters c_2. Für beide Werte kann eine Aufspaltung des ursprünglichen Maximums der Verteilung in drei lokale Maxima beobachtet werden. Das Hauptmaximum bleibt in der Mitte. Rechts und links davon erscheinen jedoch zwei weitere lokale Maxima, welche im Laufe der Entwicklung immer weiter nach außen wandern (Pfeile in den Abbildungen 4.36 d und f). Das Maximum bei kleinen Korngrößen verschwindet schließlich. Die Ausprägung der drei Maxima ist deutlich vom Parameter c_2 abhängig. Der Parameter c_1 wurde ebenfalls variiert, veränderte jedoch die Ergebnisse der Simulation nicht nennenswert. Daher wird auf eine entsprechende Darstellung verzichtet.

Die Betrachtung von Nukleationsbarrieren führt zu einem zu Solute Drag ähnlichen Verhalten (Abbildung 4.36 e und g), allerdings spaltet sich das Maximum nur in zwei Maxima auf, das lokale Maximum bei kleinen Korngrößen tritt nicht auf (Pfeile in den Abbildungen 4.36 e und g). Auch in diesem Fall beeinflusst der Parameter c_2 die Ausprägung der Maxima deutlich, während dem Parameter c_1 keine besondere Bedeutung zukommt.

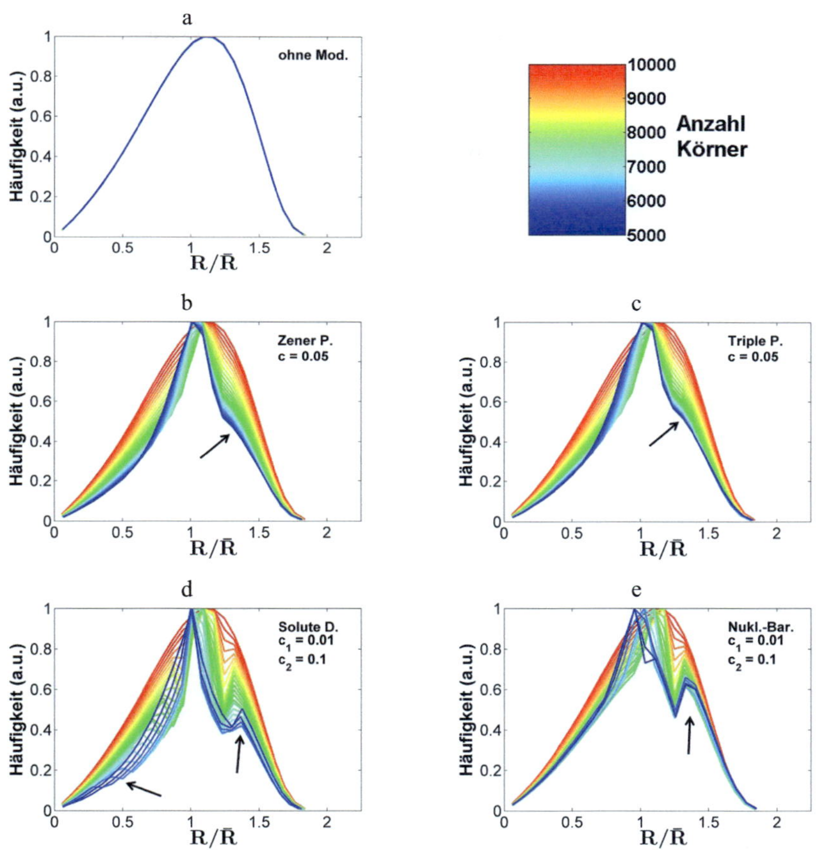

Abbildung 4.36: Nach dem Modell von Hillert berechnete Korngrößenverteilungen. a ohne hemmende Einflüsse, b mit Zener-Pinning, c mit Triple Pocket Drag, d und f mit Solute Drag sowie e und g mit Nukleationsbarrieren. In jedem Diagramm sind 25 Korngrößenverteilungen übereinandergelegt, die farbliche Kodierung entspricht der aktuellen Anzahl Körner. Die Legende ist rechts oben abgebildet, in jedem Diagramm ist die jeweilige Modifikation mit den verwendeten Parametern vermerkt. Markante Veränderungen der Verteilungen sind jeweils mit Pfeilen markiert. In jedem Diagramm entspricht die rote Kurve der Ausgangsverteilung, welche ohne Modifikation selbstähnlich wächst (a).

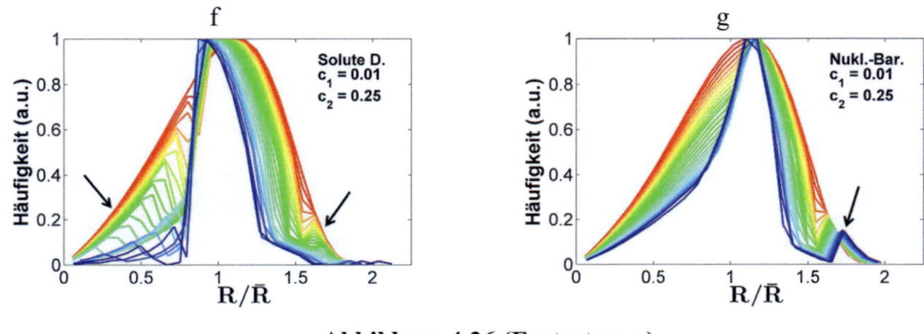

Abbildung 4.36 (Fortsetzung)

Parameter	ohne Mo-difikation	Zener-Pinnig	Triple Pocket Drag	Solute Drag	Nukleations-barrieren
Abbildung	Abb. 4.36 a	Abb. 4.36 b	Abb. 4.36 c	Abb. 4.36 d, f	Abb. 4.36 e, g
Wachstums-gleichung	Gl. 3.5	Gl. 3.6	Gl. 3.11	Gl. 3.12	Gl. 3.13
c	-	0,05	0,05	-	-
c_1	-	-	-	0,01	0,01
c_2	-	-	-	0,1 und 0,25	0,1 und 0,25

Tabelle 4.1: für die Berechnungen in Abbildung 4.36 verwendete Parameter.

5. Diskussion

Zwischen der Oberflächenenergie und der Korngrenzmobilität existieren in der vorliegenden Arbeit nur wenige Überschneidungen. Daher bietet sich analog zur Gliederung des Ergebnisteils eine getrennte Diskussion dieser beiden Themen an, welche in den Abschnitten 5.1 und 5.2 zu finden ist. Losgelöst davon erfolgt in den Abschnitten 5.3 bis 5.6 eine Betrachtung besonderer Themen, welche im Kontext der Messwerte dieser Studie interessant erscheinen: das Benetzungsverhalten der Korngrenzen, abnormales Kornwachstum, die Hemmung des Kornwachstums und die Wachstumsanomalie von $SrTiO_3$.

5.1 Oberflächenenergie

Dieser Abschnitt enthält alle Aspekte, welche ausschließlich die Ermittlung der relativen Oberflächenenergie aus der Wulff-Form intragranularer Poren betrifft. In den Abschnitten 5.2 und 5.6 werden in manchen Zusammenhängen auf die Erkenntnisse dieses Abschnitts zurückgegriffen und gemeinsame Themen der Oberflächenenergie und Korngrenzmobilität betrachtet. Die beobachteten Effekte auf die relative Oberflächenenergie sind verglichen mit der Korngrenzmobilität von moderater Natur.

Dieser Abschnitt beinhaltet eine Fehlerbetrachtung, eine Dateninterpretation sowie einen Vergleich mit in der Literatur zugänglichen Daten.

5.1.1 Fehlerbewertung der Daten

Die Rekonstruktion der relativen Oberflächenenergie birgt mehrere mögliche Fehlerquellen, welche im Folgenden separat behandelt werden.

5.1.1.1 Abweichung vom Gleichgewichtszustand

Die wichtigste Frage bei der Betrachtung einer Wulff-Form ist, ob tatsächlich ein gleichgewichtsnaher Zustand erreicht wurde. Nach Abschnitt 2.2.1.2 sind die wichtigsten Parameter die Haltezeit und vor allem die Größe des betrachteten Körpers. Im Folgenden werden eine analytische sowie eine experimentelle Diskussion dieser Parameter durchgeführt.

Eine analytische Abschätzung der für einen gleichgewichtsnahen Zustand nötigen Haltezeit ermöglichen die Gleichungen 2.19 und 2.20. Als atomares Volumen wird das Volumen einer Elementarzelle verwendet, welches $\Omega = (3{,}902\ \text{Å})^3 = 5{,}94 \cdot 10^{-29}\ m^3$ beträgt [169]. Die Oberflächenenergie kann mit $\gamma = 1\,J/m^2$ angenähert werden [170]. Der Oberflächendiffusionskoeffizient von $SrTiO_3$ wurde von Jin et al. mittels thermischer Ätzung eines Bikristalls bestimmt [170]. Die Autoren geben diesen an als

$$D_s = 2120 \cdot e^{-x} \qquad\qquad \textbf{5.1}$$

$$x = 440 \; kJmol^{-1}/R_m T \qquad\qquad \textbf{5.2}$$

mit der universellen Gaskonstanten R_m. In der vorliegenden Arbeit wurden typischerweise Poren mit einem Durchmesser von 1 - 2 µm betrachtet, weshalb 2 µm als Gleichgewichtsgröße angenommen wird. Weiterhin wird davon ausgegangen, dass die betrachtete ungleichgewichtige Pore eine 4 µm breite, schlauchförmige Form zum Zeitpunkt 0 aufweist. Diese Situation entspricht ungefähr der Entstehung der in dieser Arbeit betrachteten Poren aus feinen Kratzern (vgl. Abschnitt 3.6.1). Mit diesen Parametern kann nun die Kinetik der Formänderung abgeschätzt werden. Tabelle 5.1 listet die Haltezeiten auf, welche für eine tolerierte Abweichung von der Gleichgewichtsform von 5 % aus den Gleichungen 2.19 und 2.20 resultieren. Die in dieser Arbeit verwendeten Haltezeiten (vgl. Tabelle 3.4) entsprechen ungefähr diesen Werten.

Temperatur [°C]	Haltezeit [h]
1250	877
1350	110
1380	61,9
1460	14,8
1600	1,6

Tabelle 5.1: Haltezeiten für das Erreichen eines gleichgewichtsnahen Zustands der Poren nach den Gleichungen 2.19 und 2.20 unter Annahme der im Text genannten Parameter.

Zusätzlich zur analytischen Abschätzung ist eine kritische Betrachtung der Messergebnisse nötig. Die Verweildauer der betrachteten Poren bei der Versuchstemperatur ist genau bekannt, da der Entstehungszeitpunkt der Poren durch die gewählte Probengeometrie gegeben ist (vgl. Abschnitt 3.6.1). Diese Haltezeit wurde teilweise mehrmals unterbrochen. Daher ist zunächst der Einfluss der Abkühlung relevant. Ein Vergleich zwischen einer langsam abgekühlten und einer abgeschreckten Porenform lieferte eine Abweichung von ungefähr 1 % (Abschnitt 4.1.1), weshalb der Einfluss der Abkühlung auf die Porenform als gering zu bewerten ist. Aufgrund der kürzeren Diffusionswege wäre jedoch eine lokale Formänderung wie beispielsweise eine Facettierung einer ursprünglich glatten Fläche denkbar. Diese könnte prinzipiell so schnell ablaufen, dass sowohl abgeschreckte als auch langsam abgekühlte Poren verändert werden (vgl. Abschnitt 4.1.1). Allerdings erfahren die Poren, welche von höheren Temperaturen abgeschreckt wurden, ab einer gewissen Temperatur die gleiche Abkühlkurve wie die bei tieferen Temperaturen abgeschreckten Poren. Daher wäre zu erwarten, dass die Facettierung der einzelnen Flächen bei allen Poren gleich oder zumindest ähnlich verändert wird. Ein Vergleich der Porenformen in Abbildung 4.1 und 4.5 lässt jedoch keine entsprechenden Zusammenhänge erkennen, so dass kein signifikanter Einfluss der Abkühlung auf die Porenform vorliegen kann. Folglich können auch die Unterbrechungen der Haltezeit vernachlässigt werden, so dass die Gesamthaltezeit der Proben in Tabelle 3.4 als wirksam betrachtet werden kann.

In allen Fällen wurden ausschließlich die kleinsten verfügbaren Poren verwendet, welche typischerweise einen Durchmesser von 1 µm und maximal 3 µm haben. Wenn die betrachteten Poren weit von ihrer Gleichgewichtsform entfernt wären, so sind individuell sehr unterschiedliche und unsymmetrische Formen zu erwarten. Insbesondere müssten die größeren Poren weiter von einem symmetrischen Zustand entfernt sein als die kleineren. Dieser Effekt wurde für sehr große Poren jenseits von 5 µm Durchmesser sichtbar. Alle betrachteten Poren mit einem Durchmesser von maximal 3 µm wiesen jedoch nur sehr geringe Abweichungen von der kubischen Symmetrie auf. Die Formabweichung der Poren geht bei der Rekonstruktion der Form in die Streuung der Oberflächenenergie mit ein und kann den Fehlerbalken in den Abbildungen 4.3 und 4.6 entnommen werden. Er erscheint relativ gering, die Messwerte sind insgesamt konsistent. Die betrachteten Formen können also grundsätzlich als gleichgewichtsnah angenommen werden.

5.1.1.2 Stufige Bereiche in den Poren

Ein weiterer Punkt sind die in den Poren beobachteten stufigen Bereiche. Diese traten sowohl unter oxidierenden als auch reduzierenden Bedingungen auf, wobei deren Anteil an der Wulff-Form mit der Temperatur anstieg. Runde Bereiche stellen keinen Widerspruch zum Vorliegen einer Gleichgewichtsform dar, jedoch können stufige Bereiche im Gleichgewicht nicht auftreten [18], so dass an dieser Stelle von einer Abweichung vom Gleichgewicht auszugehen ist.

Eine klare Abgrenzung der stufigen Bereiche zu verrundeten war nicht in jedem Fall möglich. Daher liegt die Vermutung eines Abkühleffekts nahe, bei dem eine ursprünglich runde Fläche durch die sich ändernde Oberflächenenergie beim Abkühlen in stufige Facetten aufbricht. Wie bereits angeführt, ist der Einfluss der Abkühlung jedoch minimal, so dass die stufigen Bereiche auch während der Haltezeit existiert haben müssen.

Die stufigen Bereiche waren in den meisten Fällen als aus den benachbarten Facetten zusammengesetzt erkennbar. Diese Beobachtung entspricht der erwarteten Facettierung einer freien Oberfläche, welche dadurch ihre Oberflächenenergie minimiert [18]. In den Poren liegen also in diesen Bereichen ungleichgewichtige Flächen vor, welche ihre Oberflächenenergie durch die Ausbildung von Stufen aus den Gleichgewichtsfacetten der Wulff-Form minimiert haben. Der energetische Unterschied zur tatsächlichen Wulff-Form stellt die Triebkraft zur weiteren Formänderung dar und besteht in der Stufenenergie der jeweiligen Flächen.

Zur Abschätzung des maximalen Fehlers, welcher aus den stufigen Bereichen entstehen könnte, sind zwei unterschiedliche Fälle zu betrachten. Diese sind am Beispiel der {110}-Orientierung in Abbildung 5.1 skizziert, wobei die Volumenkonstanz der Pore nicht berücksichtigt wurde. Zum einen können die stufigen Bereiche vollends in den benachbarten Facetten aufgehen (blau gepunktete Linie). Unter dieser Annahme hätten die stufigen Bereiche keinen Einfluss auf den Abstand der Facetten und damit auf die ermittelte Oberflächenenergie. Zum anderen könnte die tatsächliche Lage der Facetten den rot gepunkteten Linien in Abbildung 5.1 entsprechen. Dann wären die ermittelten relativen Oberflächenenergien nicht korrekt. Der Fehler ergibt sich trigonometrisch aus der Größe des stufigen Bereichs sowie den Winkeln zwischen den drei Flächen.

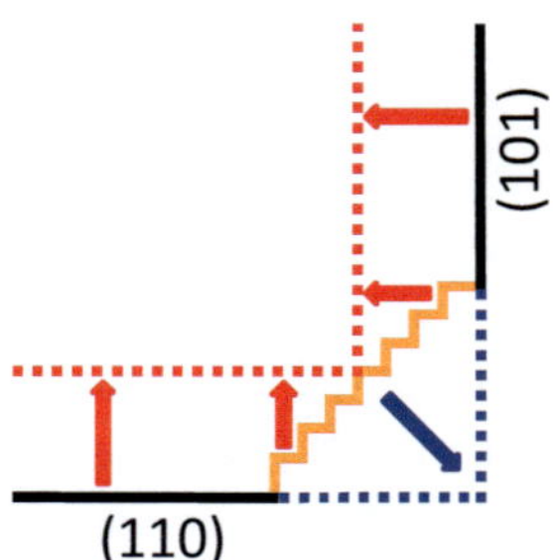

Abbildung 5.1: zwei unterschiedliche Annahmen (rote und blaue gepunktete Linie) für den Einfluss stufiger Bereiche auf die Wulff-Form.

In Abbildung 5.2 b und c sind diese beiden Annahmen am Beispiel der Porenform bei 1250 °C in Sauerstoff verdeutlicht. Abbildung 5.2 a zeigt zum Vergleich die ursprüngliche Porenform ohne weitere Annahmen. Die Form in Abbildung 5.2 b wurde unter der ersten Annahme erstellt, nach der die stufigen Bereiche keinen Einfluss auf die benachbarten Facetten haben. Die zweite Annahme mit der Verschiebung der angrenzenden Facetten führt zu der in Abbildung 5.2 c gezeigten Form. Die entsprechende relative Oberflächenenergie aller drei Fälle ist in Abbildung 5.2 d dargestellt. Die erste Annahme führt lediglich zur Nichtbeachtung der stufigen Bereiche, alle übrigen Werte bleiben unbeeinflusst. Die zweite Annahme erzeugt allerdings einen deutlichen Unterschied. Der Wert der beeinflussten $\{110\}$-Facette sinkt noch unter den Fehlerbalken der unbeeinflussten Facette.

Wenn jedoch die abgeänderte Form in Abbildung 5.2 c die tatsächliche Gleichgewichtsform darstellen würde, so müssten zumindest die kleinsten der betrachteten Poren dieser Form näher kommen als die etwas größeren. Ein solcher Trend wurde allerdings nicht beobachtet. Daher erscheint dieser Fall insgesamt als unplausibel.

Im Allgemeinen kann der Einfluss der stufigen Bereiche nicht klar definiert oder quantifiziert werden, weshalb in der vorliegenden Arbeit dieser Fehler vernachlässigt wird. Potentiell entsteht dadurch ein zu groß angenommener Wert der relativen Oberflächenenergie für die angrenzenden Facetten im Verhältnis zu den übrigen Facetten. Durch die verschiedenen Größen der betrachteten Poren ist zu erwarten, dass diese unterschiedlich weit vom Gleichgewicht entfernt sind (vgl. Abschnitt 2.2.1.2) und der Fehler somit in den angegebenen Fehlerbalken mit enthalten ist. In der Ableitung der Oberflächenenergie aus den Poren wurden die stufigen Bereiche als eigene Flächen mit einer eigenen relativen Oberflächenenergie angenommen.

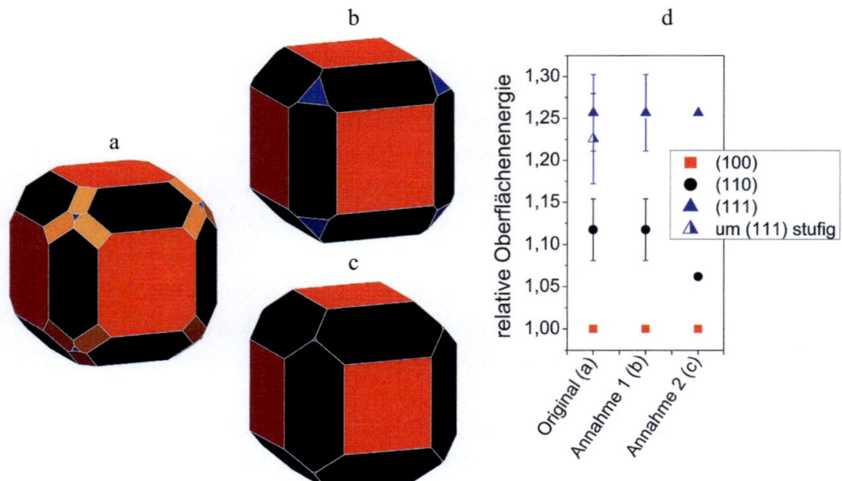

Abbildung 5.2: Einfluss der beiden Annahmen aus Abbildung 5.1 auf die Wulff-Form bei 1250 °C in Sauerstoff. a unveränderte Porenform, b entspricht der Annahme der blau gepunkteten Linie in Abbildung 5.1, c der rot gepunkteten Linie. In d sind die relativen Oberflächenenergien der drei Fälle a-c dargestellt.

5.1.1.3 Indizierung der Facetten

Einen weiteren wichtigen Punkt stellt die korrekte Indizierung der Facetten dar. Die in der vorliegenden Arbeit betrachteten Poren wiesen vier verschiedene Typen von Facetten auf, welche als {100}, {110}, {111} und {310} identifiziert wurden. Diese Indizierung kann mit mehreren Argumenten untermauert werden.

Die Wulff-Form muss nach Abschnitt 2.2.1 mindestens die gleiche Symmetrie aufweisen wie die Kristallstruktur des betrachteten Materials, so dass die Poren eine kubische Symmetrie besitzen müssen. Flächen, die entsprechend den Ecken eines Würfels in der Form angeordnet sind, können anhand dieser Überlegung als {111}-orientiert erkannt werden, da keine andere Orientierung die gleiche Symmetrie hat. Die {110}-Facetten müssen in den Kanten des Würfels platziert sein, die Lage der {100}-Facetten ist dann ebenfalls einfach zu erkennen. Das Auftreten dieser drei Orientierungen wurde bereits in der Literatur beschrieben [41], weshalb die Indizierung dieser drei Facetten als korrekt anzunehmen ist.

Die genaue Indizierung der {310}-Flächen gelang durch eine Winkelmessung. Dazu wurde ein nahezu in {100}-Orientierung angeschliffener Kristall ausgewählt und in diesem die Poren betrachtet, welche ungefähr zur Hälfte abgeschliffen waren. Die Orientierung des Kristalls wurde mittels EBSD gemessen. Wie in Abbildung 5.3 angedeutet, wurde an zwölf solchen Poren an der Schnittkante eine Winkelmessung zwischen der {100}-Facette und der zu bestimmenden Fläche durchgeführt. Die gemessenen Winkel betrugen im Mittel 18,7°. Der tatsächliche Winkel zwischen {100} und {310} beträgt 18,4°, so dass die Indizierung der Fläche zu {310} korrekt erscheint. In der Literatur finden sich Berichte von in dieser Orientierung facettierten Korngrenzen [48, 139, 171], weshalb das Erscheinen der {310}-Ebene in der Wulff-Form plausibel ist. Allerdings ist die {310}-Orientierung im Vergleich zu den Orientierungen {100}, {110} und {111} im Perowskit keine im kristallographischen Sinne besonders ausgezeichnete Orientierung.

In den in dieser Arbeit untersuchten Poren konnten die {310}-Facetten nicht in allen Fällen zweifelsfrei von stufigen oder verrundeten Bereichen unterschieden werden, wie an betreffender Stelle angemerkt ist.

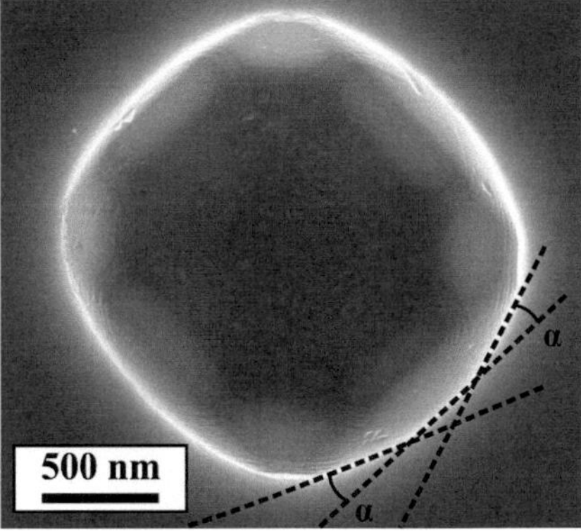

Abbildung 5.3: Indizierung der {310}-Facette an der Schnittkontur einer Pore. Die schwarz gestrichelten Linien entsprechen der Lage der Facetten. Zwischen diesen Linien wurde der Winkel α gemessen.

5.1.1.4 Einfluss von Verunreinigungen

In Al_2O_3 ist die Wulff-Form deutlich von der Dotierung abhängig [33]. Auch $SrTiO_3$ verändert seine Eigenschaften sehr ausgeprägt mit einer Dotierung, so dass ein möglicher Einfluss durch Verunreinigungen diskutiert werden muss. Die Poren sind als geschlossenes System von Verunreinigungen aus dem Ofen geschützt, weshalb nur das Ausgangsmaterial relevant ist. Nach Abschnitt 3.1 sind darin nur minimale Anteile von Verunreinigungen zu erwarten, und die drei wichtigsten Elemente Zirkonium, Calcium und Barium können ohne Ladungsausgleich im Gitter eingebaut werden. Daher ist kein merklicher Einfluss auf die Wulff-Form anzunehmen.

5.1.2 Anisotropie in oxidierender und reduzierender Atmosphäre

Eine Gegenüberstellung der in dieser Arbeit gemessenen relativen Oberflächenenergie in oxidierender und reduzierender Atmosphäre ist in Abbildung 5.4 dargestellt. Die stufigen und verrundeten Bereiche wurden der Übersichtlichkeit halber weggelassen. In beiden Fällen ist die Reihenfolge der einzelnen Orientierungen identisch. {100} ist immer energetisch am günstigsten, gefolgt von {310}, {110} und {111}.

Wie allgemein zu erwarten ist [6, 43, 122], zeigt sich in beiden Fällen ein relativ kontinuierlicher Abfall der Anisotropie bei steigender Temperatur. Bei 1600 °C ist die Gesamtform der Poren nahezu rund, wie Abbildung 4.1 d verdeutlicht. Bei dieser Temperatur weisen $\Sigma 5$-Korngrenzen in $SrTiO_3$ einen Übergang von facettiert zu rau auf ("Roughening Transition") [48, 139]. Solche Übergänge sind durch eine sinkende Anisotropie begründet, übereinstimmend mit den vorliegenden Ergebnissen.

Insgesamt ist die Anisotropie in oxidierender Atmosphäre deutlich höher als in reduzierender Atmosphäre. Wie in Abschnitt 2.3.3.4 bereits angeführt, kann in $BaTiO_3$ und $SrTiO_3$ ein Übergang von facettierten zu atomar rauen, verrundeten Korngrenzen beobachtet werden, wenn der Sauerstoffpartialdruck gesenkt wird. Dieses Verhalten wird besonders an der Form von sehr kleinen Flüssigphaseneinschlüssen in $BaTiO_3$ deutlich, analog zur Wulff-Form von Poren [40]. Die Autoren machen für diese strukturelle Änderung eine Herabsenkung der Oberflächenenergie durch die höhere Leerstellendichte verbunden mit einer geringeren Stufenenergie im reduzierenden Fall verantwortlich.

In der Literatur wird also insgesamt von einer geringeren Anisotropie bei reduzierender Atmosphäre berichtet, was mit den in dieser Arbeit beobachteten Daten übereinstimmt.

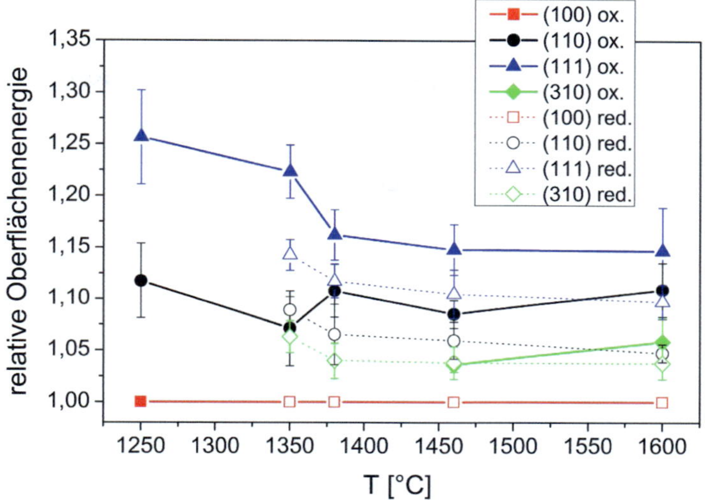

Abbildung 5.4: relative Oberflächenenergien unter oxidierenden (durgezogene Linien und gefüllte Symbole) und reduzierenden Bedingungen (gepunktete Linien und ungefüllte Symbole). Die stufigen Bereiche wurden zur Vereinfachung weggelassen.

5.1.3 Vergleich mit Literaturdaten

Es existiert nur eine Studie, welche eine experimentelle Herleitung der Wulff-Form enthält ([41], vgl. Abschnitt 2.2.2). Die ermittelten relativen Oberflächen-energien der Orientierungen {100}, {110} und {111} werden als $0{,}93 \pm 0{,}03$, $1{,}01 \pm 0{,}06$ und $1{,}02 \pm 0{,}01$ angegeben. Die Wulff-Form enthält in diesem Fall keine weiteren Orientierungen. Auf die in der vorliegenden Arbeit verwendete Normierung angepasst betragen die Werte 1 für {100}, 1,086 für {110} und 1,097 für {111}. Zum Vergleich sind diese Werte in Abbildung 5.5 zu den in der vorliegenden Arbeit ermittelten Werten hinzugefügt. Die Oberflächenener-gien der {110}-Orientierung stimmen gut überein, bei der {111}-Orientierung wiesen Sano et al. jedoch einen deutlich geringeren Wert aus (vgl. Anhang A-III). Da in der betreffenden Studie die relativen Oberflächenenergien aus einem Thermal-Grooving-Verfahren extrahiert wurden und nicht einer direkten Be-obachtung entstammen, ist diese Diskrepanz nicht überraschend.

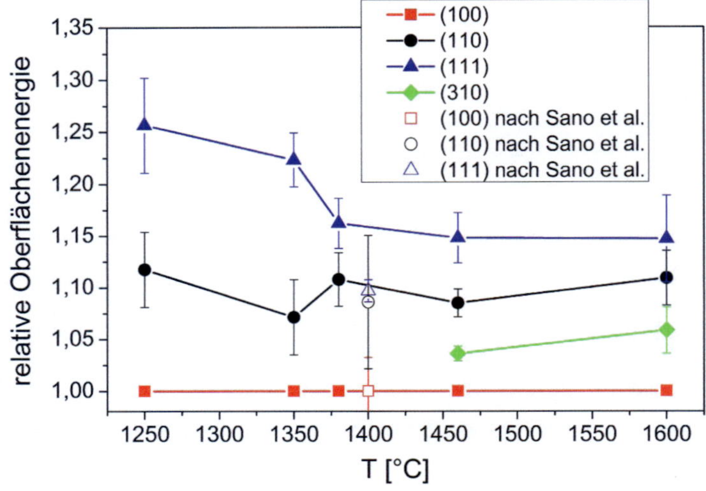

Abbildung 5.5: relative Oberflächenenergien in oxidierender Atmosphäre im Vergleich mit den Werten von Sano et al. [41]. Die stufigen Bereiche wurden zur Vereinfachung weggelassen.

Für das nahe mit $SrTiO_3$ verwandte Material $BaTiO_3$ existiert ebenfalls eine Studie, welche die Wulff-Form an Poren bei 1400 °C in Luft beobachtet ([39], vgl. Abschnitt 2.2.1). Die dort veröffentlichten relativen Oberflächenenergien betragen 1 für {100}, 1,15 für {110}, 1,15 für {111} und 1,08 für {411}. Die Energie der einzelnen Facetten ist aufgrund des unterschiedlichen Materials nicht miteinander zu vergleichen, allerdings ist die Anisotropie mit der in dieser Arbeit beobachteten sehr ähnlich und in beiden Fällen ist {100} die energetisch günstigste Fläche.

Ein möglicher Zusammenhang der relativen Oberflächenenergie mit der Kornwachstumsanomalie von $SrTiO_3$ wird gemeinsam mit der Anisotropie der Korngrenzmobilität in Abschnitt 5.6 diskutiert.

Schließlich lohnt ein Vergleich der in dieser Studie gemessenen Oberflächenenergie mit dem Facettierungsverhalten von $SrTiO_3$. Interessant ist dabei die temperaturabhängige Häufigkeit der {100}-Orientierung. Bei höheren Temperaturen ab 1425 °C in oxidierender Atmosphäre sind überdurchschnittlich viele Korngrenzen in {100}-Orientierung facettiert ([100, 101], vgl. Abschnitt 2.3.3.4). Bei 1300 °C ist dies jedoch nicht der Fall [140].

116

Viele Autoren nehmen an, dass die Häufigkeit einer Korngrenzkonfiguration umgekehrt proportional zu deren Energie ist ([6, 49, 53, 64, 71, 72], vgl. Abschnitt 2.2.4). Das Fehlen von {100}-Facetten bei 1300 °C lässt daher eine relativ hohe Energie von Korngrenzen mit einer {100}-Facettierung erwarten.

Nach Gleichung 2.23 kann die Korngrenzenergie aus der Summe der Oberflächenenergie beider Korngrenzflächen abzüglich der Spaltarbeit gebildet werden. Nun wird eine hypothetische Korngrenze bei 1300 °C betrachtet, deren erste Seite eine willkürliche Orientierung mit konstanter Oberflächenenergie aufweist. Die Energie dieser Korngrenze ist unter Annahme einer konstanten Spaltarbeit (vgl. Abschnitt 2.2.3) proportional zu der Oberflächenenergie des zweiten Korns. Aus der relativ hohen Energie von Korngrenzen mit {100}-Facettierung folgt also eine hohe Oberflächenenergie von {100} relativ zu anderen Orientierungen. Die Ergebnisse dieser Arbeit belegen jedoch das Gegenteil, wie beispielsweise in Abbildung 5.5 dargestellt ist.

Zwei unterschiedliche Erklärungen dieses Effekts sind denkbar. Erstens könnte die Kopplung zwischen der Häufigkeit einer Korngrenze und deren Energie nicht in jedem Fall gültig sein. Dies wäre der Fall, wenn eine Mikrostruktur mit einem ausgeprägten Kornwachstum betrachtet wird. Dann ist die Häufigkeit des Auftretens einer Korngrenze eher mit deren Mobilität korreliert (vgl. Abschnitt 2.4). Für diese Erklärung finden sich Hinweise in den Messwerten der vorliegenden Arbeit. Nach Abbildung 4.23 ist die relative Korngrenzmobilität bei 1250 °C tatsächlich relativ hoch und nimmt bis 1350 °C deutlich ab. Ab 1380 °C ist die {100}-Orientierung die langsamste der vier betrachteten, wenn die abnormal wachsenden Einkristalle bei 1460 °C nicht berücksichtigt werden. Dieses Verhalten der relativen Mobilität von {100} korreliert deutlich mit der oben angeführten Häufigkeit entsprechender Korngrenzen.

Zweitens könnte die Spaltarbeit der Korngrenze nicht konstant sein, sondern stärker von den Orientierungen der angrenzenden Körner abhängen als bisher angenommen. Dieser Effekt könnte beispielsweise durch eine orientierungsabhängige Segregation von Leerstellen hervorgerufen werden.

Insgesamt ist die Ursache des geschilderten Widerspruchs unklar. Der Temperaturbereich des Effekts legt allerdings einen Zusammenhang mit der Kornwachstumsanomalie von $SrTiO_3$ nahe [140], die Klärung dieser Fragestellung verlangt weitere Untersuchungen.

5.2 Korngrenzmobilität

Die Messungen der relativen Korngrenzmobilität in Abschnitt 4.2 unterstreichen den sehr ausgeprägten Einfluss der Versuchsbedingungen auf das Kornwachstum. Drei Effekte ragen besonders aus den Beobachtungen heraus. Zum einen kann durch die Atmosphäre ein Benetzungsübergang an den Korngrenzen erreicht werden. Zweitens wurden sehr starke hemmende Kräfte auf die Bewegung der Korngrenzen dokumentiert. Drittens wiesen zwei Messreihen eine sehr hohe relative Mobilität aller Einkristalle auf. Dieses extreme Wachstum entspricht dem bereits häufig dokumentierten abnormalen Kornwachstum, wie in Abschnitt 5.6 belegt wird. Diese drei Themen werden gemeinsam mit einigen anderen Fragestellungen in den folgenden Abschnitten diskutiert.

5.2.1 Fehlerbewertung der Daten

Die aufwändige Herstellung der Proben sowie die folgende Datenerfassung erfordern eine gründliche Betrachtung möglicher Fehlerquellen, welche in den nächsten Abschnitten adressiert werden.

5.2.1.1 Probenmaterial und Probenherstellung

Zunächst stellt sich die Frage nach einer möglichen Verunreinigung der Proben. Da die betrachtete Grenzfläche in den Polykristall hineinwandert und die Einkristalle nur als Keim dienen, sind die Verunreinigungen des Polykristalls maßgeblich. Dessen Verunreinigungen wurden bereits in den Abschnitten 3.1 und 5.1.1.4 diskutiert, durch deren sehr geringen Anteil ist nicht von einem deutlichen Einfluss auszugehen.

Die nächste mögliche Fehlerquelle besteht in der Mikrostruktur des Matrixmaterials. Zur Sicherstellung gleicher Triebkräfte muss das Matrixmaterial der Proben gleiche Eigenschaften aufweisen. Diese Forderung wurde durch die Verwendung des gleichen Sinterkörpers für das Matrixmaterial innerhalb einer Temperatur erfüllt, zusätzlich dazu wurde die mittlere Korngröße jeder Probe zu jedem Zeitpunkt gemessen und entsprechend in der Auswertung berücksichtigt. Auch die Porosität der Matrix kann über den Mechanismus des Pore Drag (vgl. Abschnitt 2.3.3.3) einen Einfluss auf das Wachstum der Einkristalle haben [158]. In der vorliegenden Arbeit wurde dieser Einfluss in wenigen Fällen auch in der Mikrostruktur sichtbar, wie Abbildung 4.7 g zeigt. Allerdings wies das Matrixmaterial für alle Proben eine Dichte von 99,5 ± 0,2 % auf, daher dürfte der Einfluss insgesamt recht gering ausfallen. Zusätzlich sollte durch die geringe Streuung der Dichte ein relativ gleichmäßiger Einfluss auf alle Proben vorliegen. Eine Verfälschung einzelner Messwerte durch die Porosität ist also nicht anzunehmen, ein genereller Einfluss ist jedoch denkbar. Dieser wird gemeinsam mit der Hemmung des Kornwachstums in Abschnitt 5.5 behandelt.

Mögliche Einflüsse durch die Probenherstellung könnten aus dem gezielten Verkratzen der Polykristalle vor dem Zusammensintern resultieren (vgl. Abschnitt 3.5.1). Durch diesen Prozess wird an der Oberfläche eine erhöhte Versetzungsdichte erzeugt, welche das Wachstum der betrachteten Grenzfläche deutlich beschleunigen könnte (vgl. Abschnitt 2.3.3.4 und [95, 96, 131, 132]). Allerdings wurde in den angeführten Studien das Wachstum eines mit Versetzungen angereicherten einkristallinen Keims in eine unbeeinflusste Matrix beobachtet. In der vorliegenden Studie war jedoch der Einkristall jeweils unbeeinflusst, eine möglicherweise erhöhte Versetzungsdichte liegt ausschließlich in der polykristallinen Matrix vor. Daher ist ein direkter Vergleich mit den Literaturdaten nicht möglich.

Das Verkratzen erfolgte manuell ohne festgelegte Parameter wie Anpressdruck oder Schleifzeit. Es ist also von einer gewissen Streuung in der Intensität der Oberflächenveränderung und folglich auch der Versetzungsdichte auszugehen. Da die betrachtete Grenzfläche beim Zusammensintern einige Mikrometer in den Polykristall hineinwächst und dieser Prozessschritt immer mit gleichen Parametern im gleichen Ofen durchgeführt wurde, wäre eine deutliche Streuung der Wachstumslänge nach dem Zusammensintern zu erwarten. Diese beträgt ungefähr 13 % für alle Orientierungen und entspricht damit etwa der Streuung der Korngröße der polykristallinen Matrix von 10 %, welche die Triebkraft für das Wachstum des Einkristalls ist. Ein Einfluss durch Versetzungen aus der Probenvorbereitung ist demnach auszuschließen.

5.2.1.2 Datenerfassung und Dateninterpretation

Mögliche Fehler bei der Probenherstellung und Messdatenerfassung sind außerdem aus dem Vergleich der Probenober- und -unterseite erkennbar. So könnte beispielsweise bei der Erstellung der elektronenmikroskopischen Aufnahmen die Porenreihe an der ursprünglichen Position der Grenzfläche (vgl. Abschnitt 3.5.2) nicht korrekt erkannt worden sein. An beiden Seiten der einkristallinen Keime wurde eine gleichwertige polykristalline Matrix angesintert, das Verhalten sollte also an beiden Seiten gleich sein. Auf diese Weise liegen für jeden Messpunkt grundsätzlich zwei voneinander getrennte Beobachtungen und Auswertungen vor. Dabei wurde eine mittlere Abweichung von 15 % zwischen diesen beiden Messungen beobachtet, deutliche Fehler scheinen also nicht vorhanden zu sein. Eine differenzierte Aufschlüsselung des Fehlermaßes aus Differenz zwischen Ober- und Unterseite der Proben ist in Tabelle 5.2 aufgelistet.

Die Datenauswertung enthält eine Unsicherheit aus der Herleitung der Gleichungen. In Abschnitt 3.5.4 wurde der Quotient λ/α hergeleitet, welcher die Angabe der Mobilität der betrachteten Grenzfläche relativ zur Matrix linear beeinflusst. Wie an betreffender Stelle bereits angeführt, resultiert aus der Abweichung von $\lambda/\alpha = 1$ eine Unterschätzung der Mobilität der Grenzfläche zwischen Einkristall und Matrix relativ zur Mobilität des Polykristalls.

T [°C]	Atmosphäre	Fehlermaß [%]
1250	O_2	22,5
1350	O_2	6,6
1380	O_2	12,4
1460	O_2	15
1550	O_2	9,8
1600	O_2	14,6
1350	N_2-H_2	26,3
1550	N_2-H_2	13,5

Tabelle 5.2: Fehlermaß aus der Differenz zwischen der Wachstumslänge an Probenober- und -unterseite.

5.2.1.3 Standardabweichung und Fehlerbalken

Die Wachstumslängen in den Abschnitten 4.2.1 und 4.2.2 wurden stets mit einem Fehlerbalken versehen. Dieser Fehlerbalken repräsentiert die Standardabweichung der Wachstumslänge und darf nicht als Maß für einen Fehler in den Messergebnissen verstanden werden. Eventuelle Messfehler sind allerdings ebenfalls in der Standardabweichung enthalten. Das Ausmaß der Messfehler ist im Vergleich zur Standardabweichung der Wachstumslänge jedoch gering und die Messdatenerfassung wesentlich präziser als die Fehlerbalken nahelegen. Dieser Umstand kann mit dem folgenden Beispiel leicht belegt werden.

In den Abbildungen 5.6 a, c und e sind beispielhaft die Mikrostrukturentwicklungen bei 1550 °C nach 0 h, 1,5 h und 114,4 h dargestellt. Die daraus ermittelten statistischen Daten zeigen die Abbildungen 5.6 b, d und f. Die roten Linien geben jeweils den Mittelwert an. Die Wachstumslänge scheint in allen drei Fällen ungefähr normalverteilt zu sein. Auf dieser Grundlage wurde die oben erwähnte Standardabweichung berechnet. Diese wird durch die grünen Linien dargestellt. In den Abbildungen 5.6 d und f überlappen sich die Verteilungen der Wachstumslänge deutlich. Dennoch ist die gesamte Verteilung signifikant zu größeren Wachstumslängen verschoben. Daher ist die Standardabweichung kein Ausdruck eines Messfehlers, sie gibt vielmehr die Streuung der Wachstumslänge wieder. Diese entsteht durch die Abweichung der Grenzfläche von einer geraden Linie und wird durch lokale Schwankungen von Mobilität und Triebkraft hervorgerufen, wie in Abschnitt 5.2.3 diskutiert wird. Eine tatsächliche Fehlerabschätzung der Messung kann durch den oben erwähnten Vergleich der Ober- und Unterseite der Proben erfolgen.

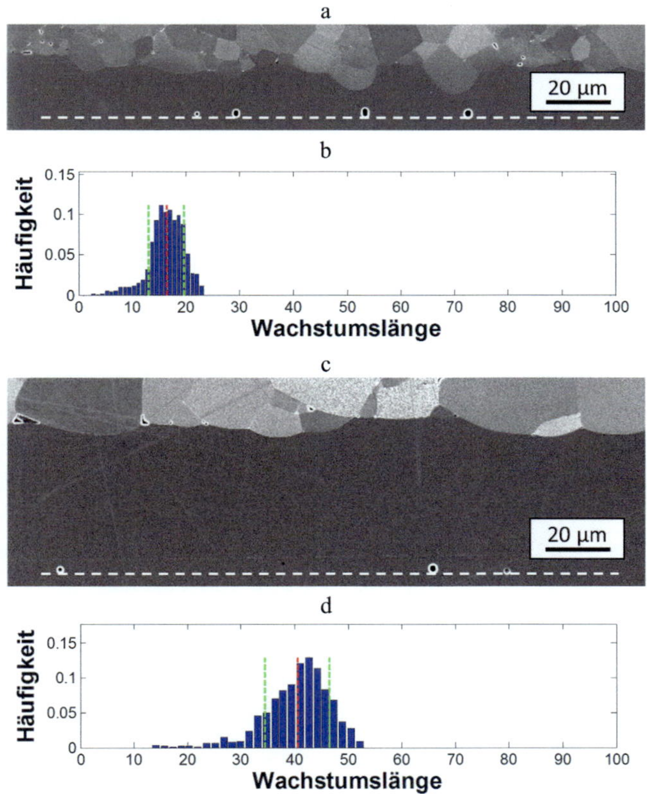

Abbildung 5.6: Mikrostrukturen (a, c, e) und Streuung der Wachstumslänge (b, d, f) bei 1550 °C in Sauerstoff nach 0,1 h (a, b), 1,4 h (c, d) und 114,4 h (e,f).

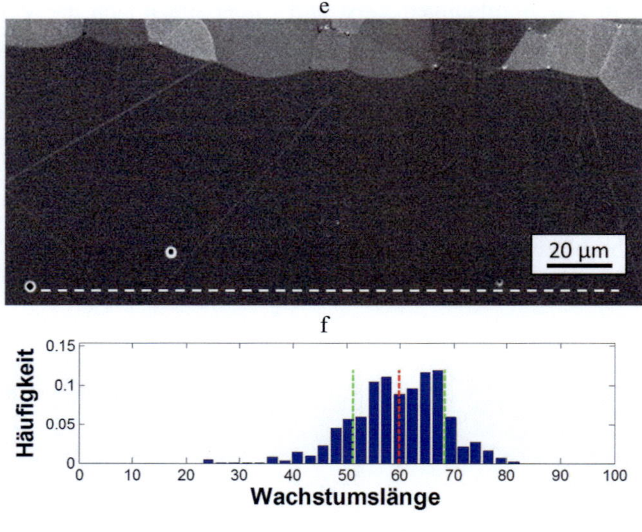

Abbildungen 5.6 (Fortsetzung)

5.2.1.4 Orientierung der Grenzfläche

Der letzte Aspekt bezüglich einer Fehlerabschätzung resultiert aus der Morphologie der Grenzfläche zwischen Einkristall und Matrix. Diese zeigt in den meisten Fällen einen welligen Verlauf (Abbildungen 4.7 und 4.14). Die lokale Orientierung der Grenzfläche ist also nicht konstant und entspricht nur makroskopisch der vorgegebenen Orientierung des Einkristalls. Die gemessene Mobilität ist daher mit einer Unschärfe in der Orientierung versehen.

Ein ähnlicher Effekt resultiert aus der Facettierung des Systems. Sowohl in oxidierender (Abbildung 4.30 und [100, 101, 104, 132]) als auch in reduzierender Atmosphäre (Abbildung 4.26 und 4.27 sowie [104]) scheinen die Korngrenzen zumindest zum Großteil facettiert zu sein. Es ist daher zu vermuten, dass die Grenzfläche des Einkristalls lokal in mikroskopische Facetten mit einer anderen Orientierung aufbricht. Auch in diesem Fall ist eine Abweichung von der vorgegebenen Orientierung die Folge. Besonders deutlich wird dieser Umstand bei der Betrachtung der {310}-Orientierung bei 1550°C in reduzierender Atmosphäre (Abbildung 4.20). In diesem sehr extremen Fall facettiert die Grenzfläche auf einer Breite in der Größenordnung von Millimetern in {100}-Orientierung, so dass die gemessene Mobilität nicht mehr ohne weiteres der {310}-Orientierung zugeordnet werden kann. Ob eine entsprechende Auflösung der globalen Orientierung der Grenzfläche auch in anderen Fällen vorliegt, kann auf Basis der vorliegenden Daten nicht beurteilt werden.

Aufgrund dieser beiden morphologischen Effekte liegt die von der Oberfläche des Einkristalls vorgegebene Orientierung nicht an jeder Stelle der Grenzfläche unverändert vor. Die Messung der relativen Korngrenzmobilität erfolgte daher jeweils nicht für eine exakt definierte Orientierung, sondern für einen Bereich angrenzend an diese Orientierung. Im Falle der {310}-Orientierung ist ungeklärt, ob diese als eigenständige Orientierung angesehen werden kann. Zur Klärung dieser Frage wäre eine gesonderte Betrachtung des Facettierungsverhaltens dieser Orientierung mittels Transmissionselektronenmikroskopie nötig.

5.2.2 Anisotropie in oxidierender und reduzierender Atmosphäre

Die relative Oberflächenenergie wies im Rahmen dieser Arbeit eine sinkende Anisotropie bei steigender Temperatur auf. Dieser Trend ist bei der relativen Korngrenzmobilität nicht erkennbar. Somit scheint kein Zusammenhang zwischen der Oberflächenenergie und der Korngrenzmobilität zu existieren. Der Unterschied zwischen der größten und der kleinsten gemessenen Mobilität beträgt fast immer ungefähr 2 (vgl. Tabelle 4.1). Zwei Messreihen weichen allerdings von diesem Trend ab.

Zum einen beträgt die Anisotropie bei 1380 °C in Sauerstoff ungefähr 4, wobei insbesondere die sehr geringe Mobilität der {100}-Orientierung auffällt. Möglicherweise steht dieses Verhalten im Zusammenhang mit der Wachstumsanomalie von $SrTiO_3$. Wie in Abschnitt 5.6 diskutiert wird, ist diese Temperatur knapp oberhalb einer der Sprungtemperaturen einzuordnen. Die zweite Abweichung wurde bei 1350 °C in reduzierender Atmosphäre beobachtet. In diesem Fall erfolgt das Wachstum nahezu isotrop, wobei die {100}-Orientierung die größte Mobilität aufweist. Diese beiden Ausnahmen haben eine relativ starke Unstetigkeit im Verlauf der Wachstumslänge gemeinsam (vgl. Abbildungen 4.10 und 4.15), allerdings ist nur im zweiten Fall auch das Fehlermaß deutlich erhöht (vgl. Tabelle 5.2). Insgesamt könnten diese beiden Fälle durch einen Messfehler beeinflusst worden sein.

Zusätzlich zur Anisotropie zwischen den vier betrachteten Orientierungen der Einkristalle ist auch die relative Mobilität zwischen Einkristall und Matrix interessant. Diese sind in Abbildung 4.23 und Tabelle 4.1 zu finden. An dieser Stelle sei an die tendenzielle Unterschätzung der Mobilität der Einkristalle relativ zur Matrix durch den Faktor λ/α erinnert (vgl. Abschnitt 5.2.1). Die Werte liegen in den meisten Fällen nahe bei 1, die Einkristalle unterscheiden sich also nicht wesentlich von der durchschnittlichen Mobilität des Polykristalls. Die betrachteten Orientierungen {100}, {110}, {111} und {310} sind in der Wulff-Form enthalten (vgl. Abschnitt 5.1.1.3) und daher niederenergetische Orientierungen. In verschiedenen Experimenten konnte nachgewiesen werden, dass diese Orientierungen in einem Großteil der Korngrenzen eines Polykristalls enthalten sind (vgl. Abschnitt 2.2.4). Daher sollte die mittlere Mobilität des Polykristalls mit der dieser vier niederenergetischen Orientierungen nahe verwandt sein. Ein entsprechender Zusammenhang konnte in der Simulation bestätigt werden [11, 172]. Die gemessenen Werte nahe 1 sind also grundsätzlich zu erwarten.

Es wurden jedoch einige Abweichungen von diesem Verhalten beobachtet. Wie bereits erwähnt, beträgt die Mobilität der {100}-Orientierung bei 1380 °C in Sauerstoff nur ungefähr ein Drittel der mittleren Mobilität des Polykristalls. In einigen Fällen ist die Mobilität des Einkristalls auch deutlich größer als die des Polykristalls, nämlich bei 1550 °C in reduzierender und bei 1460 °C in oxidierender Atmosphäre. In geringerem Maße gilt dies auch für 1550 °C in oxidierender Atmosphäre. Wenn diese extremen Werte in Relation zum Wachstum der Matrix gesehen werden, dann ist die Anisotropie des Systems deutlich höher als durch den Vergleich der Einkristalle untereinander sichtbar.

Die extremen Abweichungen zwischen der Mobilität der Einkristalle und der Matrix lässt die Frage nach den Faktoren aufkommen, welche diesen Unterschied bedingen. Eine geringere Mobilität der Matrix könnte mit hemmenden Einflüssen auf das Kornwachstum erklärt werden. Allerdings müssten diese selektiv auf den Polykristall wirken und den Einkristall uneingeschränkt wachsen lassen. Da die Triebkraft für das Wachstum des Polykristalls kleiner als die des Einkristalls ist[1], kommen alle Effekte in Frage, welche hauptsächlich bei kleinen Triebkräften wirken. Dies ist für alle in Abschnitt 2.3.3 angeführte Modelle der Fall. Die geringere Mobilität der Matrix erscheint allerdings nur bei 1460 °C in Sauerstoff und bei 1550 °C in N_2-H_2, die hemmenden Einflüsse müssten also zusätzlich nur bei diesen Bedingungen wirksam sein. Wie in Abschnitt 5.5 diskutiert wird, ist dies jedoch nicht der Fall.

Eine andere Erklärung besteht in der Annahme unterschiedlicher Wachstumsmechanismen für Einkristall und Polykristall. Eine weitere Diskussion dieses Sachverhalts folgt in Abschnitt 5.4.

---

[1] Nach dem Modell von Hillert (Gleichung 2.11) ist die Triebkraft für das Wachstum eines Korns mit Radius R gleich $2\varepsilon\gamma(1/\bar{R} - 1/R)$. Diese ist für den Einkristall mit $R \rightarrow \infty$ maximal und damit größer als für jedes beliebige Matrixkorn.

Besonders interessant ist der Einfluss des Sauerstoffpartialdrucks. Wie in Abschnitt 4.2.2 hervorgehoben wurde, erfolgt in N_2-H_2 ein wesentlich schnelleres Wachstum von Einkristall und Matrix als in Sauerstoff. Da bisher die Mobilität der Einkristalle relativ zur Matrix betrachtet wurde, ist dieser Unterschied nicht deutlich geworden. Für einen quantifizierten Vergleich ist die Ermittlung der Wachstumsfaktoren k der Einkristalle hilfreich. Unter Annahme gleicher Korngrenzenergie γ und gleichem Geometriefaktor α von Einkristall und Matrix kann der Wachstumsfaktor für das Wachstum der Einkristalle wie folgt berechnet werden:

$$k_{EK} = 2\alpha\gamma m_{EK} = k_{matrix}\frac{m_{EK}}{m_{matrix}} \qquad\qquad \textbf{5.3}$$

Alle dazu nötigen Werte finden sich in Tabelle 4.1. Aufgrund der Anisotropie der Oberflächenenergie ist diese Berechnung eine Näherung. Der Fehler entspricht nach Abbildung 4.3 und 4.6 maximal einem Faktor von 1,25 und kann daher für die folgende Betrachtung vernachlässigt werden.

In Tabelle 5.3 sind die nach Gleichung 5.3 berechneten Werte aufgelistet, eine grafische Darstellung folgt in Abschnitt 5.6. Bei 1350 °C ist das Wachstum in reduzierender Atmosphäre ungefähr um einen Faktor 2 bis 4 schneller als in oxidierender Atmosphäre, bei 1550 °C um einen Faktor 4 bis 18. Die Spannweite ist jeweils durch die unterschiedliche Anisotropie bedingt. Bei 1550 °C nimmt die Mobilität der {110}-Facette so extreme Werte an, dass eine Umsetzung eines Polykristalls in einen Einkristall möglich erscheint (vgl. Abbildung 4.19 c).

Bei der Betrachtung der Ursachen für den Anstieg der Korngrenzmobilität in reduzierender Atmosphäre muss differenziert vorgegangen werden. Die Atmosphärenänderung hat einen starken Einfluss auf die Morphologie der Grenzfläche. So sind die Korngrenzen bei 1550 °C in N_2-H_2 von einer Flüssigphasenschicht benetzt. Auch eine Änderung der Facettierung ist möglich. Diese beiden Faktoren verändern den Migrationsmechanismus grundlegend, sie werden in den Abschnitten 5.2.3 und 5.3 diskutiert.

Schließlich wird noch ein Vergleich mit verfügbaren Literaturdaten vorgenommen. Wie in Abschnitt 2.3.4 zusammengefasst, existieren nur drei vergleichbare Arbeiten an undotiertem und niobdotiertem $SrTiO_3$ [95, 104, 132]. Im Gegensatz zu den vorliegenden Versuchen lag jedoch stets eine Flüssigphasenschicht an den Korngrenzen vor, zusätzlich wies die Matrix eine hohe Porosität auf. Ein quantitativer Vergleich ist daher nicht möglich. Die Arbeiten dokumentieren bei

1470 °C in Luft und in 95 % N_2 – 5 % H_2 jeweils identisches Wachstum, wobei die {100}-Orientierung ungefähr um den Faktor 3 weiter wächst als {110}. In der vorliegenden Arbeit wurde bei einer ähnlichen Temperatur (1460 °C) in Sauerstoff ebenfalls eine um den Faktor 2 größere Wachstumslänge von {100} verglichen mit {110} gemessen, allerdings ohne das Vorliegen einer benetzenden Flüssigphase. Eine solche konnte in der vorliegenden Arbeit nur bei 1550°C in reduzierender Atmosphäre beobachtet werden, dabei wies die {110}-Orientierung allerdings eine um den Faktor 2 größere Wachstumslänge auf als {100}.

T [°C]	Atmosphäre	k_{matrix} [m²/s]	k_{EK} [m²/s]			
			{100}	{110}	{111}	{310}
1350	O_2	4,88E-16	3,55E-16	2,90E-16	5,63E-16	4,43E-16
1350	N_2-H_2	1,17E-15	1,47E-15	1,22E-15	1,32E-15	1,40E-15
1550	O_2	1,17E-15	1,47E-15	1,22E-15	1,32E-15	1,40E-15
1550	N_2-H_2	2,01E-13	5,69E-13	1,25E-12	8,97E-13	1,14E-12

Tabelle 5.3: Vergleich der Wachstumskonstanten von Einkristall und Matrix in oxidierender und reduzierender Atmosphäre.

5.2.3 Morphologie der Grenzfläche zwischen Einkristall und Matrix

Die Grenzfläche zwischen Einkristall und Matrix besaß unter allen Bedingungen einen welligen Verlauf. Damit ist nicht nur die Formung der gemeinsamen Grenzfläche um die äußerste Lage Körner herum gemeint, sondern auch eine um mehrere Matrixkorndurchmesser schwankende Wachstumslänge. Diese entsteht durch drei unterschiedliche Effekte.

Zum einen können in der Matrix vorhandene Poren die Bewegung behindern, wie in Abbildung 4.7 g zu erkennen ist. Da die Verteilung in der Matrix keine Gleichverteilung sein kann, entsteht aus der Porosität ebenfalls eine Streuung in der Wachstumslänge. In der Literatur wurde dieser Effekt ebenfalls beschrieben [158]. Da in der vorliegenden Arbeit dichte Polykristalle (>99 %) verwendet wurden und die Poren meist ohne sichtbaren Einfluss vom Einkristall überwachsen wurden, kann dieser Einfluss vernachlässigt werden.

Weiterhin variiert die Korngröße der Matrixkörner entlang der Grenzfläche und damit auch die Triebkraft für die Bewegung der Grenzfläche. In Bereichen mit kleiner Matrixkorngröße wächst die Grenzfläche durch die höhere Triebkraft schneller als in Bereichen mit großer Korngröße. Da die betreffenden Körner zum Zeitpunkt der Beobachtung nicht mehr existieren, ist ein entsprechender Nachweis schwierig. In Abbildung 4.7 b und c sind allerdings einige große Körner zu erkennen, an welchen die Grenzfläche relativ wenig gewachsen ist.

Die dritte Ursache für die Welligkeit besteht in der Anisotropie der Mobilität des Einkristalls bezüglich den Matrixkörnern. Da die Mobilität mit der kristallografischen Ausrichtung einer Korngrenze variiert, bestehen lokale Unterschiede in der Mobilität zwischen Einkristall und Matrix. Diese führen bei gleicher Triebkraft zu einer Streuung in der Mobilität und damit in der Wachstumsrate des Einkristalls. Dieser Faktor wurde in der Literatur ebenfalls als Ursache für eine Streuung der Wachstumslänge von einkristallinen Keimen angegeben [157, 161].

Die Welligkeit hat somit hauptsächlich zwei Ursachen, eine Streuung in der Triebkraft und eine Streuung in der lokalen Mobilität. Die Streuung der Triebkraft beziehungsweise der Matrixkorngröße ist für alle Proben aufgrund der Verwendung gleichwertiger Matrizes identisch. Die Streuung der lokalen Mobilität könnte allerdings je nach Orientierung einen anderen Wert annehmen. Da die Welligkeit für alle Messungen berechnet wurde, kann dieser Einfluss quantifiziert werden. Die gemessenen Werte müssen dazu relativ zur Wachstumslänge betrachtet werden, da die Grenzfläche bei großen Wachstumslängen von mehr Körnern beeinflusst wurde als bei kleinen. In diesem Fall liegt die Welligkeit für alle Proben ungefähr bei 16 %. In den Daten ist keine Abhängigkeit von der Orientierung des Einkristalls, der Haltezeit, der Temperatur oder der Atmosphäre zu erkennen. Die Mobilität der vier betrachteten Orientierungen des Einkristalls scheint also in gleichem Maße mit den lokalen Gegebenheiten zu streuen.

Eine Ausnahme von diesem Verhalten wurde beobachtet, und zwar bei 1550 °C in reduzierender Atmosphäre. Wie in Abbildung 4.18 a-c zu erkennen, bildet die {100}-Orientierung eine makroskopisch ebene Grenzfläche mit der Matrix aus, welche lediglich lokal eine Welligkeit aufweist. Diese wird mit längeren Haltezeiten ausgeprägter. Die anderen Orientierungen neigen mit fortschreitender Wachstumslänge dazu, in große {100}-Flächen aufzubrechen (Abbildungen 4.19 und 4.20). Gleichzeitig weist diese Messreihe die extremsten Wachstumslängen sowie als einzige eine Flüssigphasenschicht an den Korngrenzen auf.

Diese Form der Grenzfläche lässt die Frage nach der Facettierung des Systems aufkommen. Der Literatur zufolge liegt ein Großteil der Korngrenzen in oxidierender Atmosphäre in facettierter Form vor. Ein Übergang zu 95 % N_2 – 5 % H_2 ändert diese Situation nicht grundlegend ([100, 101, 104, 132], vgl. Abschnitt 2.3.3.4). Diese Aussage steht im Einklang mit den im Rahmen dieser Arbeit durchgeführten TEM-Untersuchungen (Abbildungen 4.26, 4.27 und 4.30). Allerdings existiert selbst unter oxidierenden Bedingungen ein Anteil an nicht facettierten Korngrenzen [100, 101]. In 95 % N_2 – 5 % H_2 müsste dieser Anteil weiter ansteigen. Zur zweifelsfreien Klärung dieser Frage sind allerdings weitere Untersuchungen nötig.

Chung et al. dokumentierten an $SrTiO_3$ bei 1470 °C sowohl in Luft als auch in 95 % N_2–5 % H_2 eine flache Grenzfläche zwischen Einkristall und Matrix, in beiden Fällen wurden die Orientierungen {100} und {110} beobachtet [104]. Diese Temperatur liegt oberhalb des Eutektikums von SrO und TiO_2 von 1440 °C [168]. In einer folgenden Studie zeigten die Autoren nur bei Vorliegen einer benetzenden Flüssigphase facettierte Korngrenzen [96], die zu der vorliegenden Arbeit gegensätzliche Benetzung ist auf den recht hohen Anteil von Verunreinigungen zurückzuführen (vgl. Abschnitt 2.3.1).

Offensichtlich fördert eine benetzende Flüssigphase die Neigung der Korngrenzen zu facettieren (vgl. Abschnitt 2.3.3.4). Im Sinne des in Abbildung 2.15 vorgestellten Modells müsste dann die Form schnell wachsender Einkristalle durch die Flächen mit der geringsten Mobilität begründet sein. Bei 1550 °C in reduzierender Atmosphäre weist die {100}-Orientierung sowohl die niedrigste Energie als auch die geringste Mobilität auf. Die Einkristalle facettieren bevorzugt in dieser Orientierung, so dass diese Daten dem oben genannten Modell entsprechen. Analog zur Literatur [96, 104] sind vereinzelt auch {110}-Facetten zu beobachten (Abbildung 4.18 b).

Auch unter oxidierenden Bedingungen weist das System facettierte Korngrenzen auf. Makroskopisch sind jedoch alle beobachteten Grenzflächen verrundet. Die Facettierung bildet nach den Abbildungen 4.26, 4.27 und 4.30 eine Mikrofacettierung aus, welche wegen der geringen Größe der Stufen im REM nicht sichtbar ist. Entsprechende Korngrenzen wurden auch in der Literatur an $SrTiO_3$ dokumentiert [100, 101].

Den Beobachtungen dieser Arbeit zufolge bewirkt das Vorliegen einer Flüssigphase an den Korngrenzen eine Vereinigung der einzelnen Stufen zu wenigen großen, welche schließlich auch makroskopisch sichtbar werden. Dieser Vorgang wird durch das Entkoppeln der beiden angrenzenden Korngrenzflächen möglich, so dass eine Reduktion der Oberflächen- beziehungsweise Stufenenergie eintreten kann.

Insgesamt sind die Facettierungseigenschaften des Systems nicht zweifelsfrei bekannt. Wenn von durchgehend facettierten Korngrenzen ausgegangen wird, kann die hohe Mobilität in reduzierender Atmosphäre auf zwei unterschiedliche

Arten entstehen. Erstens verändert eine Flüssigphase die Transportbedingungen an den Korngrenzen grundsätzlich, wobei in SrTiO$_3$ eine Beschleunigung des Kornwachstums durch eine Flüssigphasenschicht bekannt ist [95]; zweitens kann die erhöhte Leerstellenkonzentration an den Korngrenzen die Diffusion durch Bereitstellung zusätzlicher Senken beschleunigen [101].

5.3 Benetzung der Korngrenzen

Benetzende Schichten an den Korngrenzen wurden bisher in SrTiO$_3$ nur bei Vorliegen einer Verunreinigung oder spezieller Dotierung dokumentiert [80, 95-98]. Schichten in hochreinem, undotiertem Material entsprechend denen in Abschnitt 4.2.4 sind in der Literatur bisher nicht bekannt.

Wie an betreffender Stelle gezeigt, konnten diese Schichten in der vorliegenden Studie ausschließlich in reduzierender Atmosphäre bei 1550 °C beobachtet werden. Auch in der Literatur sind an nach dem gleichen Verfahren in oxidierender Atmosphäre hergestellten Proben keine Schichten bekannt [101]. Bei anderen Temperaturen in oxidierender Atmosphäre zeigen sich ebenfalls trockene Korngrenzen [100, 140]. Die Zweitphase liegt dann in Form von Partikeln an Tripeltaschen vor (vgl. Abbildungen 4.26 a und c).

Die Schichten konnten nach deren Erzeugung mit einer Wärmebehandlung bei 1350 °C in oxidierender oder reduzierender Atmosphäre in einzelne, linsenförmige Bestandteile aufgelöst werden, welche an den Korngrenzen verteilt und an den Tripelpunkten vorliegen (Abbildungen 4.29 a-d). In einem weiteren Experiment bildeten diese linsenförmigen Partikel bei erneuter Wärmebehandlung abermals benetzende Flüssigphasenschichten aus (Abbildung 4.31). Es handelt sich also um einen Benetzungsübergang, welcher vollständig reversibel ist. Die benetzende Flüssigphase ist jedoch nicht im Sinne der intergranularen amorphen Schichten („IGF", vgl. Abschnitt 2.3.1) zu verstehen, da in der vorliegenden Arbeit eine sehr große und nicht konstante Schichtdicke vorliegt. Es handelt sich um eine vollständige Benetzung, wie sie in Abbildung 2.7 skizziert wurde.

Die Zusammensetzung der Zweitphase wurde an zweitphasengefüllten Tripeltaschen mittels EDX untersucht. Nach dem Messergebnis in Tabelle 4.2 besteht sie zu 11 mol% aus SrO und zu 89 mol% aus TiO$_2$, abweichend von der eutektischen Zusammensetzung. Möglicherweise ist das Phasendiagramm [168] in reduzierender Atmosphäre verändert. Außerdem können Zweitphasenschichten an Korngrenzen auch in nicht eutektischen Zusammensetzungen vorliegen [173]. In einer anderen Studie konnte mittels Röntgendiffraktometrie unter oxidierenden Bedingungen kristallines TiO$_2$ in Form von Rutil im Gefüge nachgewiesen werden [163], entsprechende Daten für reduzierend behandeltes $SrTiO_3$ liegen nicht vor. Insgesamt kann von einer stark titanreichen Zusammensetzung der Zweitphase ausgegangen werden.

Die Schichten wurden sowohl bei leichtem Titanüberschuss als auch bei stöchiometrischem Material beobachtet, wobei auch bei den stöchiometrischen Proben durch das Herstellungsverfahren ein leichter B-Platz-Überschuss gegeben ist (vgl. Abschnitt 3.1). Zusätzlich ist in $SrTiO_3$ die Bildung von Stapelfehlern möglich, in denen auf eine Schicht SrO abermals eine Schicht SrO zu liegen kommt (Ruddlesden-Popper-Phase [174-176]). Diese Phase kann durch den zusätzlichen Einbau von Strontium jederzeit einen Titanüberschuss im restlichen Material erzeugen [138], so dass die Stöchiometrie der Korngrenze nicht an die Stöchiometrie des Gesamtsystems gebunden ist. Selbst bei Strontiumüberschuss können titanreiche Korngrenzen nachgewiesen werden [100]. Daher ist die beobachtete Bildung von einer titanreichen Flüssigphase auch bei stöchiometrischem Material plausibel und im Einklang mit der Literatur.

Zusammen mit dem Erscheinen der benetzenden Zweitphase wurde bei 1550 °C in reduzierender Atmosphäre ein sehr schnelles, normales Kornwachstum beobachtet. Bei tieferen Temperaturen zwischen 1450 °C und 1500 °C wurde nur langsames Kornwachstum beobachtet, allerdings begleitet von abnormalem Kornwachstum. Im Einzelfall wurden Korngrößen von mehreren Millimetern erreicht. Unter Annahme einer größeren Mobilität benetzter Korngrenzen könnte dieses abnormale Kornwachstum auf die Benetzung eines Teils der Korngrenzen hinweisen. Eine solche partielle Benetzung wurde in Al_2O_3 beobachtet [46, 47] und resultiert aus der Anisotropie der Korngrenzenergie. Für Korngrenzen mit hoher Energie kann die Bedingung zur Benetzung in Gleichung 2.24 schon für tiefere Temperaturen erfüllt sein als für welche mit niedriger Energie. Diese hochenergetischen Korngrenzen würden dann vor dem allgemeinen Erscheinen einer Flüssigphasenschicht benetzt werden und dann eine größere Mobilität aufweisen. Eine dazu notwendige Benetzung eines Teils der Korngrenzen beziehungsweise eine Unterbrechung der Flüssigphasenschichten wurde in der vorliegenden Arbeit beobachtet (vgl. Abschnitt 4.2.4). Da die Schichten allerdings nur bei hohen Temperaturen gebildet werden und bei tieferen Temperaturen wieder verschwinden, sind diese Unterbrechungen eher als Effekt des Abkühlens zu verstehen. Die Art der vorliegenden Daten lässt allerdings keine abschließende Beurteilung dieser Hypothese zu, in diesen Punkten sind weitere Versuche unter Verwendung noch höherer Kühlraten nötig.

Der beobachtete Benetzungsübergang besitzt das Potential für eine technologische Verwendung. So kann unter Ausnutzung des ausgeprägten Kornwachstums bei benetzender Flüssigphase ein gewünschtes Gefüge erstellt werden. Anschließend bewirkt eine Atmosphären- und Temperaturänderung das Zerfallen der Schichten in einzelne Partikel, welche gleichmäßig an den Korngrenzen verteilt vorliegen und analog zum Zener-Pinning eine weitere Bewegung der Korngrenzen verhindern. Das Resultat wäre eine eingefrorene Mikrostruktur, welche im Vergleich zu konventionell hergestelltem Material ein drastisch reduziertes Kornwachstum aufweist.

Dieses Verfahren würde das Maßschneidern bestimmter Gefüge und Korngrenzzustände ermöglichen, wie es beispielsweise für die Ausnutzung des PTC-Effekts erforderlich ist (Positive Temperature Coefficient [177]). Die Herstellung der PTC-Materialien auf Basis von $BaTiO_3$ verwendet einen Sintervorgang in reduzierender Atmosphäre gefolgt von einer Reoxidation. Im Rahmen dieser Herstellung kann es zur Ausscheidung von Zweitphasen [177] und zu Benetzungsübergängen an der Korngrenze kommen [178]. Allerdings ist noch nicht bekannt, welche Rolle diese Effekte im Zusammenhang mit der Herstellung von PTC-Keramiken spielen.

Für eine allgemeine Anwendbarkeit des beobachteten Effekts ist die extreme Kornwachstumsrate unter Vorliegen der Zweitphasenschicht kritisch, da bereits nach wenigen Minuten Haltezeit Korngrößen von 50 µm erzielt werden. Zudem erscheint die Verteilung der Zweitphasenpartikel nach dem Zusammenbruch der Schichten als zu grob. In diesen beiden Punkten sind weitere Versuche zur Optimierung der Prozessparameter nötig.

5.4 Abnormales Kornwachstum

Abnormales Kornwachstum in Perowskiten und speziell in $SrTiO_3$ ist Gegenstand vieler Studien [40, 100, 101, 104]. Die Ursachen sind nach wie vor nicht zufriedenstellend erforscht. Einen theoretischen Ansatz auf Basis der relativen Korngrenzenergie und Korngrenzmobilität bietet das Modell von Hillert (vgl. Abschnitt 2.1.3). Dieses wird im folgenden Abschnitt im Kontext der gemessenen Parameter diskutiert.

In der Literatur existieren vielfältige Berichte über abnormales Wachstum einkristalliner Keime in einer polykristallinen Matrix, beispielsweise in Al_2O_3 [155]. Auch die Versuche der Arbeitsgruppe von Suk-Joong L. Kang an $BaTiO_3$ [103] und $SrTiO_3$ [95, 96, 104, 132] können als abnormales Wachstum einkristalliner Keime interpretiert werden, da diese unter bestimmten Bedingungen ein sehr viel schnelleres Wachstum aufweisen als die polykristalline Matrix. Der Effekt erreicht in manchen Fällen Größenordnungen, welche das Erzeugen von Einkristallen aus polykristallinen Gefügen ermöglichen (Abbildung 4.19 und [179-182]).

Die in der vorliegenden Studie ermittelte relative Korngrenzmobilität erreicht häufig Werte deutlich größer als 1. Bei 1460 °C in oxidierender Atmosphäre weist der Einkristall eine um den Faktor 4 bis 10 größere Mobilität auf als die Matrix, bei 1550 °C in reduzierender Atmosphäre entspricht der Unterschied einem Faktor 3 bis 6. Auch in oxidierender Atmosphäre kann bei dieser Temperatur ein Faktor von ungefähr 2 beobachtet werden.

Das Modell von Hillert erlaubt die Ableitung der Bedingungen, in denen abnormales Kornwachstum auftritt (vgl. Abbildung 2.2). Die relevanten Faktoren sind die relative Oberflächenenergie $\Gamma = \gamma_A/\gamma$ des abnormalen Korns, dessen Mobilitätsverhältnis m_A/m. sowie die relative Größe des abnormalen Korns R_A/R. Stellvertretend für die gemessene relative Mobilität wurden in Abbildung 5.7 bei $m_A/m = 2$, 5 und 10 senkrecht Linien eingezeichnet. Die waagerechte Line markiert den mittleren Korndurchmesser. Als relative Oberflächenenergie wurden $\Gamma = 0{,}9$ (entsprechend einer etwas niedrigeren Oberflächenenergie der abnormalen Körner im Vergleich zur Matrix) und $\Gamma = 1$ ausgewählt. Für $\Gamma = 1$ wird für die drei betrachteten Werte von m_A/m abnormales Kornwachstum für alle Körner erwartet, welche einen Durchmesser knapp oberhalb des mittleren Korndurchmessers aufweisen. Die vorliegende relative Oberflächenmobilität wurde allerdings für energetisch bevorzugte Orientierungen gemessen, weshalb eine relative Oberflächenenergie von $\Gamma = 0{,}9$ angenommen werden kann (vgl. Abschnitt 4.1). In diesem Fall führt ein Mobilitätsverhältnis knapp oberhalb von 2 bereits zu abnormalem Wachstum eines Korns mit der mittleren Korngröße. Jedoch muss betont werden, dass in der Simulation extremere Werte nötig sind, um abnormales Kornwachstum auszulösen [11-13]. Die in der vorliegenden Studie gemessene relative Mobilität m_A/m von bis zu 10 ist aber auch im Kontext dieser Studien ausreichend, um abnormales Kornwachstum zu begründen.

Nach dem Modell von Hillert ist kein uneingeschränktes Wachstum abnormaler Körner möglich. Für die relative Größe des abnormalen Korns existiert eine obere Grenze, welche je nach relativer Mobilität in den Punkten A, B und C erreicht wird. Bei einem Mobilitätsverhältnis m_A/m von 2 können also nur maximale Korngrößen vom 7-fachen mittleren Korndurchmesser erreicht werden (A), für $m_A/m = 5$ ergibt sich ein 20-facher maximaler Korndurchmesser (B) und für $m_A/m = 10$ ein 40-facher maximaler Korndurchmesser (C).

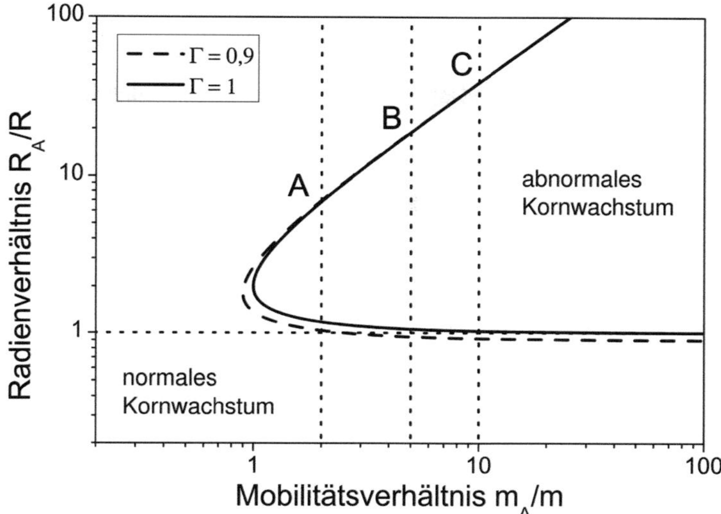

Abbildung 5.7: Bedingungen für das Auftreten des abnormalen Kornwachstums abhängig vom relativen Radius R_A/R, der relativen Mobilität m_A/m und der relativen Korngrenzenergie $\Gamma = \gamma_A/\gamma$ des betrachteten Korns nach [8]. Die relative Mobilität von 2, 5 und 10 sowie die mittlere Korngröße ($R_A = R$) sind markiert.

Im Experiment tritt das abnormale Kornwachstum in Polykristallen unter den gleichen Bedingungen auf, unter denen die extremen Werte der Mobilität der Einkristalle beobachtet wurden ([79, 100] und Abbildung 4.28), so dass ein Zusammenhang plausibel erscheint. Im Gegensatz zur modellhaften Betrachtung wächst aber nur eine sehr geringe Anzahl von Körnern abnormal, eine obere Grenze für das abnormale Kornwachstum konnte noch nicht experimentell bestätigt werden. Weiterhin dürften nach dem Modell von Hillert die eingebetteten Einkristalle als Körner mit einem Radius von unendlich nicht schneller als die Matrix wachsen, da die obere Grenze für das Wachstum abnormaler Körner in jedem Fall überschritten ist. Diese Folgerung widerspricht den experimentellen Befunden.

Ungeachtet der Ungenauigkeiten in der Modellbildung kann das Wachstum der Einkristalle bei 1460 °C in oxidierender sowie bei 1550 °C in reduzierender Atmosphäre als abnormales Wachstum bezeichnet werden. Ein Vergleich mit den Literaturdaten folgt in Abschnitt 5.6 und bestätigt diese Ansicht. Die Morphologie der Grenzfläche unterscheidet sich nach Abschnitt 5.2.3 in diesen beiden Fällen deutlich. Allerdings besteht jeweils kein sichtbarer Unterschied zwischen Einkristall und Matrix, so dass es keine Anzeichen für einen Unterschied im Wachstumsmechanismus gibt. Weitere Erkenntnisse wären durch eine strukturelle Untersuchung der Korngrenzen mittels TEM möglich, wobei der Hochtemperaturzustand der Korngrenzstruktur durch eine sehr schnelle Abkühlung konserviert werden müsste.

Abschließend kann aus den in dieser Studie gewonnenen Daten eine Forderung an das abnormale Kornwachstum formuliert werden. Im Allgemeinen ist eine schnell wachsende Grenzfläche in einem Polykristall bevorzugt aus den Orientierungen mit der geringsten Mobilität zusammengesetzt (Abschnitt 2.4). Nach Abbildung 4.23 ist bei 1460 °C zu erwarten, dass die abnormalen Körner im Polykristall aus {110}-Facetten zusammengesetzt sind. Die daraus resultierende Form ist ein Rhombendodekaeder (Abbildung 5.8 a). Ob diese Form tatsächlich vorliegt, kann anhand einzelner zweidimensionaler Schnittflächen, wie sie in der konventionellen Metallografie und Mikroskopie üblich sind, nur eingeschränkt überprüft werden. Einige mögliche zweidimensionale Schnittformen eines Rhombendodekaeders sind in den Abbildungen 5.8 b-e dargestellt. Besonders hervorzuheben sind das Sehnenviereck in Abbildung 5.8 c und das Oktagon in 5.8 d, da diese Schnittformen bei einer Würfelform nicht möglich wären und somit ein Unterscheidungsmerkmal bieten.

Die Form abnormaler Körner stellte keinen Schwerpunkt der vorliegenden Arbeit dar, weshalb nur sehr wenige Daten verfügbar sind. Bei 1460 °C wurde in oxidierender Atmosphäre kein abnormales Kornwachstum in Polykristallen beobachtet, aber bei der gleichen Temperatur in reduzierender Atmosphäre. Dabei konnte die Schnittform eines Sehnenvierecks beobachtet werden, wie Abbildung 4.28 a belegt. Unter Annahme einer regelmäßigen, symmetrischen Form kann dieses Korn nicht würfelförmig sein und weist möglicherweise die geforderte Form eines Rhombendodekaeders auf. Im Gegensatz dazu dokumentierten Bäurer et al. [100] und Shih et al. [101] bei ähnlichen Temperaturen in Sauerstoff würfelförmige abnormale Körner, deren Grenzflächen aus {100}-Facetten zusammengesetzt sind. In beiden Fällen ist allerdings nicht bekannt, ob ein freies Wachstum vorliegt, welches eine solche morphologische Betrachtung zulässt. In der vorliegenden Arbeit ist zusätzlich die Rolle der Flüssigphase ungeklärt.

Zur zweifelsfreien Klärung ist eine gezielte Untersuchung des abnormalen Kornwachstums in oxidierender Atmosphäre nötig.

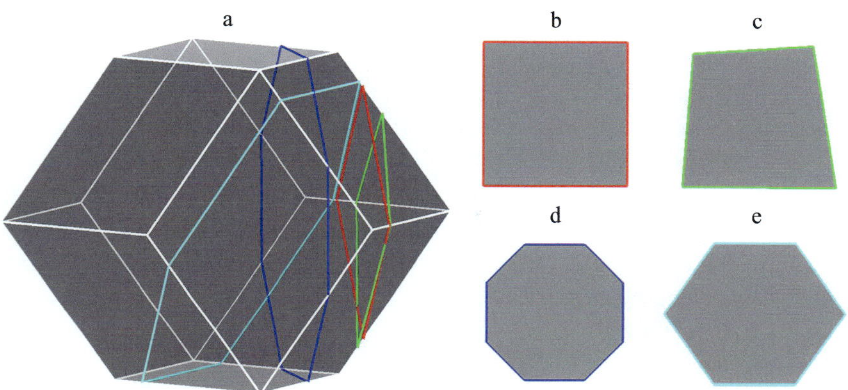

Abbildung 5.8: a aus der relativen Korngrenzmobilität geforderte Form abnormaler Körner bei 1460 °C in Sauerstoff. Die Form entspricht einem Rhombendodekaeder. Die farbigen Linien stellen vier verschiedene Schnittebenen dar, welche in b-e zweidimensional dargestellt sind. Je nach Schnittrichtung nimmt die Schnittfläche die Form eines Quadrats (b), Sehnenvierecks (c), Oktagons (d) oder Hexagons (e) an.

5.5 Hemmende Effekte auf das Kornwachstum

Prinzipiell können in $SrTiO_3$ alle in Abschnitt 2.3.3 angeführten Effekte auftreten. Solute Drag ist aufgrund einer geladenen Korngrenze [107, 108] und entsprechend segregierenden Defekten [99-101, 107, 108] möglich. Zener-Pinning oder ähnliche Effekte wie Triple Point Drag [103] können durch die im Gefüge vorhandenen Poren oder Zweitphasenpartikel entstehen. Das Auftreten von Nukleationsbarrieren wird in einer Vielzahl von Arbeiten behandelt, wie Abschnitt 2.3.3.4 zusammenfasst. Dieser Abschnitt diskutiert die Ergebnisse der vorliegenden Arbeiten hinsichtlich dieser unterschiedlichen Modelle.

Die hemmenden Effekte auf das Kornwachstum können in zwei unterschiedlichen Aspekten diskutiert werden, hinsichtlich der Kinetik des Kornwachstums sowie der Korngrößenverteilung.

5.5.1 Kinetische Ansätze

In der Kornwachstumskinetik wurde für fast alle Messungen in oxidierender Atmosphäre bei langen Haltezeiten eine Stagnation des Kornwachstums sowie des Wachstums der Matrix beobachtet. Der genaue Verlauf der Korngröße mit der Zeit kann verwendet werden, um die Ursache für dieses Verhalten zu untersuchen. Zu diesem Zweck wurde der Verlauf der Korngröße bei 1550 °C in oxidierender Atmosphäre ausgewählt, für den die feinste Unterteilung der Haltezeit vorliegt (Abbildung 5.9). An den Verlauf der Korngröße über der Zeit wurden drei verschiedenen Funktionen angepasst. Das Modell von Burke und Turnbull beziehungsweise eine grenzflächenkontrollierte Ostwald-Reifung (Gleichungen 2.4 und 2.17) wird für normales Kornwachstum in $SrTiO_3$ erwartet [79], die entsprechende Kurve zeigt die rote Linie. Die Kurve kann nur an die ersten vier Werte angepasst werden, bei allen anderen entsteht eine deutliche Diskrepanz. Die diffusionskontrollierte Ostwald-Reifung (Gleichung 2.7) würde einem Wachstum entsprechen, welches durch eine Flüssigphasenschicht an den Korngrenzen kontrolliert wird. Eine Anpassung der Gleichung 2.7 (blaue Linie) passt allerdings ebenfalls nicht zu den vorhandenen Daten.

Auch für das Kornwachstum unter Zener-Pinning ist eine Kornwachstumsgleichung bekannt (Gleichung 2.33), welche durch die schwarze Linie dargestellt ist. Diese Kurve passt erheblich besser zu den gemessenen Daten. Es muss jedoch berücksichtigt werden, dass diese Gleichung viele Freiheitsgrade hat und die Kurvenanpassung daher nur wenig Aussagekraft besitzt.

Für die anderen hemmenden Effekte wie Pore Drag, Solute Drag und Nukleationsbarrieren sind keine Wachstumsgleichungen bekannt, welche die Entwicklung der mittleren Korngröße beschreiben. Es ist also anhand der Entwicklung des mittleren Korndurchmessers nicht möglich, die Ursache für die Hemmung des Kornwachstums einzukreisen.

Ein weiterer kinetischer Ansatz ist die Variation des Anteils an Zweitphasenpartikel, welche in Form einer titanreichen Zweitphase im Gefüge enthalten sind (vgl. Abschnitt 5.3). Diese könnten das Kornwachstum über das Zener-Pinning beeinflussen. Die Variation des Sr/Ti-Verhältnisses führt zu einem deutlichen Einfluss auf die Verteilung dieser Partikel, wie die Mikrostrukturen in Abbildung 4.32 leicht erkennen lassen. Wenn diese Partikel zu einem Zener-Pinning der Korngrenzen führen, so müsste das Kornwachstum und insbesondere die Korngröße, bei der das Kornwachstum stagniert, von der Anzahl und Größe dieser Partikel abhängen. Nach Abbildung 4.33 kann dies jedoch nicht experimentell bestätigt werden, so dass eine andere Ursache für die Hemmung des Kornwachstums verantwortlich sein muss.

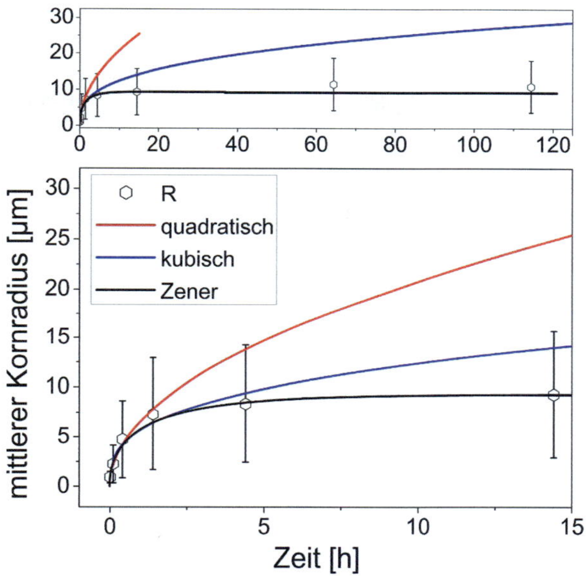

Abbildung 5.9: Kornwachstum bei 1550 °C in oxidierender Atmosphäre. Der Verlauf wurde mit drei unterschiedlichen Funktionen angepasst, einem quadratischen und einem kubischen Kornwachstumsgesetz sowie einem Kornwachstumsgesetz unter Berücksichtigung des Zener-Pinnings.

5.5.2 Effekte in der Korngrößenverteilung

Zusätzlich zur Kinetik des Kornwachstums kann der Einfluss der Wachstumshemmung auf die Korngrößenverteilung betrachtet werden. Aus theoretischen Überlegungen ergeben sich mehrere Möglichkeiten. So weisen alle hemmenden Effekte aus Abschnitt 2.3.3 einen unterschiedlichen Zusammenhang zwischen Triebkraft und Bewegung der Korngrenzen auf (vgl. Abbildung 3.6). Das Vorliegen von Nukleationsbarrieren führt beispielsweise zu einer Hemmung des Wachstums der Körner, welche eine geringe Triebkraft aufweisen. Die Triebkraft für das Wachstum eines speziellen Korns ist nach dem Modell von Hillert (Gleichung 2.11) einerseits von der mittleren Korngröße, andererseits auch von der eigenen Größe abhängig. Die Körner mit der kleinsten Triebkraft sind dabei diejenigen nahe der mittleren Korngröße, sehr große und sehr kleine Körner sind gegebenenfalls nicht von den Nukleationsbarrieren betroffen. Aus dieser Überlegung wird deutlich, dass die Wirkung der Nukleationsbarrieren nicht für alle Korngrößen gleich ist, weshalb eine Änderung der Korngrößenverteilung vorliegen muss. Für die übrigen hemmenden Effekte aus Abbildung 3.6 gilt diese Überlegung ebenfalls.

Nach dem Modell der Ostwald-Reifung würde auch ein Übergang von grenzflächenkontrolliertem zu diffusionskontrolliertem Wachstum die Korngrößenverteilung beeinflussen [183].

In Abbildung 4.35 ist die Entwicklung der Korngrößenverteilung herausgearbeitet. Ausgangspunkt ist ein Gefüge, welches bei 1425 °C für 1 h in Sauerstoff dichtgesintert wurde, woraus ein feinkörniges Gefüge mit normalem Kornwachstum resultiert [79]. Dieser Zustand kann daher als ungehemmt angenommen werden. Wie in Abschnitt 4.2.5.2 geschildert, zeigt die Korngrößenverteilung dieses Ausgangsgefüges parallel zum Übergang des Kornwachstums in einen gehemmten Zustand eine deutliche Verschiebung, bei der das Maximum der Verteilung bei kleineren Korngrößen zu finden ist. Im gehemmten Zustand kann danach eine weitere Verschiebung der Korngrößenverteilung ohne Änderung des mittleren Kornradius beobachtet werden, bei der das Maximum wieder zu größeren Korngrößen wandert. Dabei sind diese Verschiebungen relativ kleine Effekte, so dass vor der weiteren Diskussion ein möglicher Fehler in den Kurven betrachtet werden muss.

5.5.2.1 Fehlerbewertung der Daten

Die Ermittlung der Korngrößenverteilungen fand an identisch angefertigten REM-Aufnahmen statt, wobei die Vergrößerung an die vorliegende Korngröße angepasst wurde, um stets eine ähnliche Anzahl Körner auf einer Aufnahme abzubilden. Auf diese Weise kann eine Beeinflussung durch falsche Erkennung der Körner wie beispielsweise ein Übersehen von sehr kleinen Körnern ausgeschlossen werden. Die Anzahl der betrachteten Körner lag stets über 1000 und typischerweise über 2000 Körner. Somit sind die Daten statistisch abgesichert [184].

Die Normierung verdient durch ihre zentrale Position in den folgenden Ergebnissen eine besondere Betrachtung. Wenn eine der betrachteten Verteilungen einige Körner mit sehr großen Korngrößen enthält (beispielsweise durch abnormales Kornwachstum), so verschieben diese die mittlere Korngröße etwas zu höheren Werten. Bei der Normierung auf die mittlere Korngröße wird jede Korngröße durch eben diesen Wert geteilt, so dass die komplette Verteilungsfunktion etwas in Richtung kleinerer Werte verschoben wird. Ein Vergleich mit anderen Verteilungen wäre dann nicht mehr möglich. In den gemessenen Verteilungsfunktionen kann jedoch keinerlei abnormales Kornwachstum oder andere Anomalien bei großen Korngrößen beobachtet werden, welches den mittleren Kornradius beeinflussen könnte. Ab dem fünffachen Kornradius können alle Verteilungsfunktionen in Abbildung 4.34 a mit null angenähert werden, es existieren also bei allen Verteilungen nahezu keine Körner mit mehr als dem fünffachen mittleren Korndurchmesser. Die Normierung auf den mittleren Kornradius führt somit nicht zu einer Verzerrung oder ungleichmäßigen Verschiebung der einzelnen Verteilungsfunktionen. Eine Normierung der Verteilungen auf den Median, welcher nicht durch das Vorhandensein einiger sehr kleiner oder großer Körner beeinflusst wird, veränderte die Verteilungsfunktionen nicht nennenswert, so dass die Ergebnisse als gesichert angenommen werden können.

5.5.2.2 Vergleich mit Literaturdaten

In der Literatur finden sich einige Studien an perowskitischen oder anderen Keramiken, welche die Entwicklung der Korngrößenverteilung mit der Zeit experimentell betrachten [40, 79, 131, 135]. Heo et al. zeigten die Entwicklung der Korngrößenverteilung von $BaTiO_3$, bei langen Haltezeiten scheint eine ähnliche Verschiebung der Korngrößenverteilung vorzuliegen [40]. Allerdings wurden die Korngrößenverteilungen in der Studie nicht direkt miteinander verglichen und auch nicht auf die mittlere Korngröße normiert, weshalb keine sichere Aussage möglich ist. Heo et al. führten des Verhalten ihrer Proben auf das Vorliegen von Nukleationsbarrieren zurück.

Ergänzend dazu ist die Betrachtung von Kornwachstumssimulationen sinnvoll, welche eine Isolation des Einflusses bestimmter Effekte ermöglichen. Weygand et al. betrachteten in einer 2D-Vertex-Simulation die Entwicklung der Korngrößenverteilung unter reduzierter Mobilität von Tripelpunkten (Triple Point Drag) [185] und unter Zener-Pinning [113]. In beiden Fällen konnte eine leichte Verschiebung des Maximums der Verteilung zu kleinen Korngrößen beobachtet werden. Bei Zener-Pinning bildet sich zusätzlich eine Schulter an der rechten Seite der Verteilung (vgl. Abbildung 2.12). Dieses Verhalten entspricht der ersten Phase der in dieser Arbeit beobachteten Verschiebung der Verteilung.

Die Entwicklung einer Korngrößenverteilung unter Berücksichtigung von Zweitphasenpartikeln wird auch in einem Phasenfeldmodell betrachtet [118], wobei die Ergebnisse denen von Weygand et al. entsprechen.

In einer 3D-Vertex-Simulation wurde eine Verbreiterung der Korngrößenverteilung sowie ein steigender Anteil kleiner Körner beobachtet, wenn zwei Typen von Korngrenzen mit unterschiedlicher Mobilität gleichzeitig im System vorhanden sind [11]. Der Unterschied in der Korngrenzmobilität zwischen diesen beiden Typen entspricht einem Faktor 20. Für eine solche Koexistenz zweier Korngrenztypen gibt es im vorliegenden Fall jedoch keine Hinweise.

Der Einfluss von Nukleationsbarrieren wird in einer Simulation basierend auf dem Modell von Hillert betrachtet [129]. Dieser ist stark von der Situation der Triebkräfte abhängig. Wenn die größte im System vorliegende Triebkraft (die des größten Korns) kleiner ist als die kritische Triebkraft P_{crit} zur Überwindung der Nukleationsbarriere, dann ist das System vollständig gehemmt und kein Wachstum findet mehr statt. Weist ein Teil der Körner eine größere Triebkraft als P_{crit} auf, wird die Korngrößenverteilung in einen schnell wachsenden Teil und einen nicht wachsenden Teil aufgespalten. Je nach Parametern ist ein abnormales Kornwachstum die Folge. Die in dieser Studie beobachteten Effekte zeigen sich jedoch nicht in der angeführten Studie.

5.5.2.3 Effekte in der berechneten Korngrößenverteilung

Die bisher durchgeführten Simulationen zeigen teilweise Effekte, welche zum Teil den in dieser Arbeit im Experiment beobachteten Verschiebungen der Korngrößenverteilung entsprechen [113, 118, 185]. So ist unter Zener-Pinning in zwei Simulationen eine Verschiebung des Maximums zu kleineren Korngrößen beobachtet worden, analog zur Verschiebung beim Übergang in den gehemmten Zustand in dieser Arbeit. Um jedoch den Einfluss der einzelnen Effekte direkt miteinander vergleichen zu können, müssen alle Simulationen im gleichen Modell durchgeführt werden. Daher wurde im Rahmen der vorliegenden Arbeit eine Berechnung der Entwicklung der Korngrößenverteilung mit dem Modell von Hillert durchgeführt.

An dieser Stelle muss betont werden, dass das Modell von Hillert auf der Ostwald-Reifung basiert, welche das Heranwachsen isolierter Partikel in einer Flüssigphase beschreibt. Aufgrund der Unterschiede zum Kornwachstum in Festkörpern muss die Anwendbarkeit des Ansatzes überprüft werden. Vor der weiteren Diskussion der Gültigkeit des Modells sowie der Ergebnisse müssen die gewählten Parameter diskutiert werden. Für alle betrachteten Modifikationen beeinflusst die Parameterwahl das Berechnungsergebnis.

Wenn unter Betrachtung des Zener-Pinnings (Gleichung 3.6) die hemmende Kraft durch den Parameter c so groß gewählt wird, dass kein Korn eine von null verschiedene Triebkraft aufweist, so erfolgt eine vollständige Hemmung des Wachstums und daher keine Änderung der Korngrößenverteilung. Für einen zu kleinen Parameter c ist der Einfluss auf das Wachstum minimal, ein unbeeinflusstes normales Kornwachstum ist die Folge. Der Parameter c wurde darum so gewählt, dass im Laufe der Berechnung zwar ein deutlicher Einfluss auf die Korngrößenverteilung sichtbar wurde, aber zu keinem Zeitpunkt eine vollständige Hemmung eintrat. Der hemmende Einfluss von Tripeltaschen ist eng mit dem Zener-Pinning verwandt (vgl. Gleichungen 3.6 und 3.11), weshalb die Parameter sich ebenfalls entsprechen.

Die Modifikation mit Nukleationsbarrieren und Solute Drag ähneln sich ebenfalls stark (vgl. Gleichungen 3.12 und 3.13), weshalb die Parameterwahl in beiden Fällen dem gleichen Schema folgt. Der Parameter c_1 reduziert die Mobilität einer gehemmten Korngrenze. Unter Solute Drag ist diese dem Modell nach größer als null (vgl. Abschnitt 2.3.3.1). Unter Nukleationsbarrieren ist diese idealerweise gleich null [103, 129], in der Literatur wird allerdings in manchen Fällen eine geringe Mobilität im gehemmten Fall zugelassen [102, 186, 187]. Die Berechnungen zeigten allerdings nur eine geringe Abhängigkeit von diesem Parameter. Bedeutender ist der Parameter c_2. Dieser legt den Bereich der Triebkraft beziehungsweise der von der Hemmung betroffenen Korngröße fest. Je nach Verhältnis von ungehemmten zu gehemmten Körnern entsteht ein sehr geringer oder ein sehr ausgeprägter Einfluss auf die Korngrößenverteilung. Auch in diesem Fall wurde der Parameter c_2 so gewählt, dass zwar ein Einfluss auf die Korngrößenverteilung sichtbar wird, jedoch keine vollständige Hemmung des Systems eintritt. Die Parameter für Solute Drag und Nukleationsbarrieren sind aufgrund der großen Ähnlichkeit der Modelle identisch.

Für die weitere Interpretation ist die prinzipielle Gültigkeit des Berechnungsmodells von zentraler Bedeutung. Wie in Abschnitt 4.2.5.3 angeführt, erfolgt ohne Modifikationen des Modells von Hillert ein selbstähnliches Kornwachstum, welches vom Autor in dieser Form analytisch abgeleitet wird [5] und daher zu erwarten ist.

Zusätzlich kann das Modell mit den Ergebnissen anderer Simulationen verglichen werden. Unter Zener-Pinning wurde eine Verschiebung des Maximums zu kleinen Korngrößen sowie die Ausbildung einer Schulter am rechten Rand des Maximums berechnet, was den Ergebnissen der Literatur entspricht [113, 118]. Weiterhin ist ein Vergleich mit dem Modell von Jung et al. möglich, welches analog zur vorliegenden Studie eine Modifikation des Modells von Hillert zur Betrachtung von Nukleationsbarrieren darstellt [129]. Unter Betrachtung ähnlicher Parameter, unter denen ein Teil der Körner von der Hemmung betroffen ist, berechneten Jung et al. ebenfalls eine Aufspaltung der Korngrößenverteilung in zwei Maxima.

Insgesamt entsprechen die Ergebnisse der in dieser Studie durchgeführten Berechnungen den Literaturdaten. Daher kann der gewählte Ansatz als anwendbar angenommen werden.

Als nächstes lohnt ein Vergleich der einzelnen Modifikationen des Modells von Hillert. Wie in Abschnitt 4.2.5 angeführt, unterscheiden sich die Verteilungskurven für Zener-Pinning und Triple Pocket Drag nur minimal. Zur Verdeutlichung ist jeweils die letzte Verteilungskurve aus den Abbildungen 4.36 b und c dieser beiden Modelle in Abbildung 5.10 a gegenübergestellt. Die große Ähnlichkeit dieser beiden Kurven macht eine Unterscheidung dieser Effekte in realen Mikrostrukturen unmöglich.

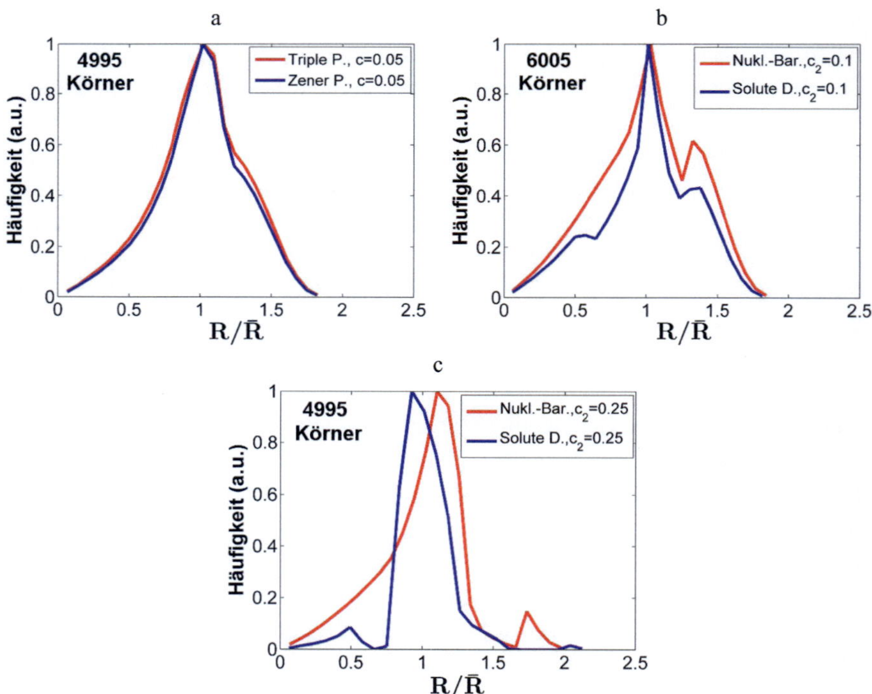

Abbildung 5.10: Vergleich des Einflusses unterschiedlicher hemmender Effekte auf die Korngrößenverteilung. a Tripel Point Drag und Zener-Pinning, b und c Nukleationsbarrieren und Solute Drag. Die verwendeten Parameter entsprechen denen in Abbildung 4.36, sie sind jeweils in den Legenden vermerkt. a und c zeigt die Verteilungen bei 4995 Körnern, b bei 6005 Körnern.

Zwischen Solute Drag und Nukleationsbarrieren sind die Unterschiede je nach Parameterwahl ebenfalls gering. Eine Gegenüberstellung dieser beiden Modelle ist in Abbildung 5.10 b und c zu finden, die Parameter entsprechen wiederum denen des Ergebnisteils. In Abbildung 5.10 b sind abweichend die Verteilungen zu dem Zeitpunkt dargestellt, in dem 6005 Körner vorliegen, um die Aufspaltung des Maximums deutlich hervorzuheben.

Sowohl unter Nukleationsbarrieren als auch Solute Drag erzeugt die Unstetigkeit im Zusammenhang zwischen Triebkraft und Korngrenzbewegung (vgl. Abbildung 3.6) eine Aufspaltung des Maximums. Da bei Solute Drag zwei Unstetigkeiten existieren, erfolgt auch eine doppelte Aufspaltung. Das lokale Maximum bei kleinen Korngrößen verschwindet im Laufe des Wachstums jedoch, so dass die Verteilungsfunktionen von Solute Drag und Nukleationsbarrieren ebenfalls große Ähnlichkeiten aufweisen können (vgl. Abbildung 5.10 b) und eine Unterscheidung in realen Messungen nicht möglich ist.

Insgesamt ist auf Basis dieses Berechnungsmodells also nur eine Entscheidung zwischen zwei Gruppen von Effekten möglich, Zener-Pinning und Tripel Point Drag auf der einen und Nukleationsbarrieren sowie Solute Drag auf der anderen Seite.

Die Berechnung der Korngrößenverteilungen wurde mit dem Ziel durchgeführt, Rückschlüsse auf die Ursache für die Hemmung des Kornwachstums bei langen Haltezeiten in oxidierender Atmosphäre zu ziehen. Ein Vergleich der Berechnungen mit dem beobachteten Verhalten zeigt, dass die beobachtete Verschiebung des Maximums der Korngrößenverteilung zu kleineren Korngrößen mit allen betrachteten Effekten erklärt werden kann. Allerdings weisen die gemessenen Verteilungen keinerlei Anzeichen einer Aufspaltung des Maximums auf. Die erste Verschiebung beim Übergang in den gehemmten Zustand wäre demnach entweder durch Zener-Pinning oder durch Triple Pocket Drag begründet. Die zweite Verschiebung innerhalb des gehemmten Zustandes zurück zu größeren Korngrößen ist in dieser Form in keinem der Modelle zu beobachten, so dass dessen Ursache unklar bleibt. Diese Verschiebung erfolgt im Bereich des gehemmten Kornwachstums, die mittlere Korngröße bleibt nahezu konstant. Möglicherweise kann diese Verformung der Verteilungsfunktion aufgrund der Vereinfachungen des Modells von Hillert nicht abgebildet werden. In diesem Modell entsteht die Triebkraft für die Größenänderung eines Korns durch dessen Abweichung von der mittleren Korngröße (vgl. Gleichung 2.10). In realen Gefügen bedingt jedoch die direkte Nachbarschaft des Korns dessen Verhalten, nicht die mittlere Korngröße. So kann beispielsweise die Anzahl Nachbarkörner, mit denen das Korn eine Korngrenze teilt, als Maß herangezogen werden [6-8, 188]. Je nach Modell hat ein nicht wachsendes Korn 14 bis 15 Nachbarn, ein Korn mit weniger Nachbarn schrumpft, eines mit mehr wächst [6, 188]. Durch die Annahme globaler Kenngrößen anstatt der lokalen Gegebenheiten ist das Modell von Hillert keine exakte Beschreibung des Kornwachstums. Insbesondere bei der Betrachtung hemmender Einflüsse entsteht dadurch ein Fehler. So kann ein Korn, welches nach dem Modell von Hillert keine Triebkraft für eine Größenänderung hat, in der Realität dennoch wachsen oder schrumpfen, wenn es von deutlich größeren oder kleineren Körnern umgeben ist. Diese Vereinfachung erklärt auch die Abweichung der selbstähnlich wachsenden Korngrößenverteilung des Modells von Hillert (vgl. Abbildung 2.1) von der real beobachteten logarithmischen Normalverteilung.

Weitere Näherungen der vorliegenden Berechnungen bestehen in der relativ geringen Anzahl Körner (10 000) sowie des geringen Umfangs des modellierten Kornwachstums, welches nur zum Verschwinden der Hälfte der Körner führt. Diese Eckdaten sind durch die Leistungsfähigkeit eines üblichen PCs sowie der resultierenden Laufzeit der Berechnung vorgegeben.

Eine exakte Modellierung des Kornwachstums ist sehr aufwändig und stellte nicht das Ziel der vorliegenden Studie dar, welche nur eine qualitative Betrachtung der Entwicklung der Korngrößenverteilung beabsichtigte. Wie bereits erläutert, ist die prinzipielle Anwendbarkeit des vorliegenden Modells durch einen Vergleich mit anderen Simulationsmodellen abgesichert. Eine Überprüfung der erzielten Ergebnisse beispielsweise mit dem Vertex-Modell [188] wäre sehr interessant.

Schließlich lässt die vorliegende Berechnung der Korngrößenverteilungen Aussagen zum abnormalen Kornwachstum zu. Wie bereits angeführt, führt die Modellierung von Solute Drag oder von Nukleationsbarrieren zu einer Aufspaltung des Maximums der Korngrößenverteilung. Durch eine geeignete Parameterwahl kann diese Aufspaltung in ein abnormales Kornwachstum übergehen. In Abbildung 5.11 a und b sind die Ergebnisse zweier Berechnungen der Korngrößenverteilung zu sehen. Diese wurden analog zu Abbildung 4.36 f und g erstellt, allerdings erfolgte abweichend der Abbruch nicht bei Erreichen von 50 % der Ausgangsanzahl Körner, sondern erst bei 20 %. Sowohl bei Solute Drag (Abbildung 5.11 a) als auch unter Nukleationsbarrieren (Abbildung 5.11 b) zeigt sich mit fortschreitender Zeit am rechten Rand der Verteilung ein lokales Maximum, welches in Richtung großer Korngrößen wandert. Dieses ungehinderte Wachstum einiger weniger Körner entspricht der Definition des abnormalen

Kornwachstums. Dieser Effekt wird sowohl für Solute Drag [105] als auch für Nukleationsbarrieren [129] in anderen Simulationen gefunden und für den letzten Fall auch in experimentellen Arbeiten beschrieben [40, 121]. Das abnormale Kornwachstum ist letztlich eine direkte Folge der Form der Triebkraft (vgl. Abbildung 3.6). Die Mobilität einer Gruppe von Körnern (diejenigen mit geringer Triebkraft) wird stark eingeschränkt, wohingegen eine andere Gruppe (diejenigen mit großer Triebkraft) ungehindert wachsen kann. Wenn die zweite Gruppe nicht nur schrumpfende, sondern auch wachsende Körner beinhaltet, muss abnormales Kornwachstum stattfinden. Die Beobachtungen in den Abbildungen 5.11 a und b sind also nicht überraschend.

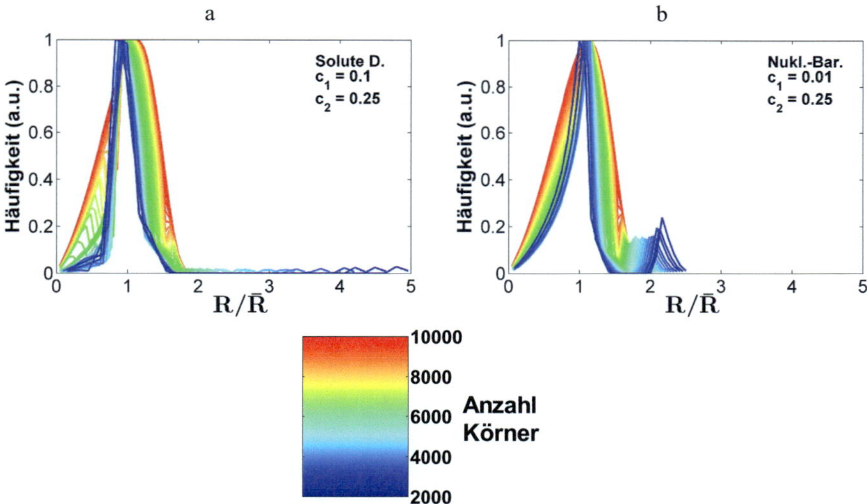

Abbildung 5.11: abnormales Kornwachstum bei Verwendung von Solute Drag (a) und Nukleationsbarrieren (b). Die verwendeten Parameter sind jeweils eingeblendet, die Berechnung basiert auf einer Startkonfiguration mit 10 000 Körnern. Der Abbruch erfolgte abweichend zu Abbildung 4.36 bei Erreichen von 20 % dieser Anzahl. Das abnormale Kornwachstum zeigt sich jeweils am rechten Rand der Verteilungen. In beiden Diagrammen entsprechen die roten Kurven der Ausgangsverteilung, welche ohne Modifikation selbstähnlich wachsen würde (vgl. Abbildung 4.36 a).

5.5.3 Abschließende Beurteilung zur Hemmung des Kornwachstums

In dieser Arbeit sind die Befunde zu den hemmenden Effekten auf das Kornwachstum relativ umfassend und nicht eindeutig. Daher wird dieser Abschnitt genutzt, um die wesentlichen Erkenntnisse zusammenzufassen und eine abschließende Beurteilung der Konsequenzen durchzuführen.

Die Hemmung des Kornwachstums zeigte sich bei fast allen Temperaturen bei langen Haltezeiten und betraf sowohl die Polykristalle als auch die Einkristalle. Wie in Abschnitt 5.5.1 diskutiert, lässt sich die Kinetik des Kornwachstums mit einer Wachstumsgleichung nach dem Zener-Modell beschreiben, wobei diese Aussage unsicher ist. Eine Abhängigkeit vom Anteil an Zweitphase scheint nach Abschnitt 4.2.5.1 nicht vorzuliegen, was ein Argument gegen das Vorliegen von Zener-Pinning und Triple Pocket Drag ist. Die Entwicklung der Korngrößenverteilung zeigt aber eine systematische Verschiebung zunächst zu kleineren und anschließend zu größeren Korngrößen (vgl. Abschnitt 4.2.5.2). Ein Vergleich mit berechneten Korngrößenverteilungen spricht eher für das Vorliegen von Zener-Pinning oder Triple Pocket Drag.

Wie diese Zusammenfassung zeigt, kann die Ursache für die Hemmung des Kornwachstums auf Basis der vorliegenden Arbeit nicht zweifelsfrei ermittelt werden. Weitere Untersuchungen sollten eine präzise Simulation der möglichen hemmenden Effekte sowie eine Charakterisierung der Grenzflächen mittels TEM umfassen. Letztere würde das Vorliegen von Solute Drag über einen unterschiedlichen Verlauf der Konzentrationen vor und hinter einer wandernden Grenzfläche experimentell zugänglich machen (vgl. Abschnitt 2.3.3.1), bisherige Untersuchungen konnten allerdings keine Konzentrationsunterschiede nachweisen [189].

In der Literatur wird für $BaTiO_3$ und $SrTiO_3$ häufig das Vorliegen von Nukleationsbarrieren angenommen (vgl. Abschnitt 2.3.3.4), daher verdient dieses Modell besondere Beachtung. Insgesamt liefert es eine in sich und mit den meisten Experimenten konsistente Erklärung für das Kornwachstumsverhalten der Perowskite. Von zentraler Bedeutung ist dabei die Facettierung der Korngrenzen, ohne die keine Nukleationsbarrieren möglich sind. Die Facettierung beeinflussten mehrere Autoren gezielt durch die Leerstellenkonzentration des Systems [40, 104, 121, 132, 135].

Die vorliegende Studie sowie die Literatur belegen allerdings die Ähnlichkeit dieses Ansatzes mit Solute Drag ([105] und Abschnitt 5.5.2.3). Dieser Effekt basiert auf der Segregation von Leerstellen an der Korngrenze. Ein Einfluss durch die Leerstellenkonzentration ist daher ebenfalls anzunehmen. Darum ist prinzipiell eine zur Argumentation mit Nukleationsbarrieren analoge Erklärung des Kornwachstumsverhaltens mit Solute Drag möglich. Weiterhin ist die Rückführung des abnormalen Kornwachstums einzig auf Nukleationsbarrieren nicht plausibel, wie in Abschnitt 2.3.3.4 erläutert wurde. Auch in anderen Fällen benötigen die Autoren weitere hemmende Effekte wie Triple Pocket Drag, um das beobachtete Wachstumsverhalten befriedigend zu erklären [103]. Zusätzlich dazu scheint die Art der Facettierung in $SrTiO_3$ eine Nukleationsbarriere nicht zu ermöglichen, da die Facettierung jeweils an den Tripellinien aufgehoben ist [100] und folglich an dieser Stelle jederzeit ein Keim für das Wachstum der Korngrenze existiert. Daher erscheint für trockene Korngrenzen das Vorliegen von Nukleationsbarrieren als unplausibel. Klassischerweise wird diese Theorie auch nur bei der Existenz einer benetzenden Flüssigphase angewendet [6, 123-125, 129, 190].

Unabhängig von der Ursache muss die Hemmung des Kornwachstums im Kontext der Kornwachstumsmessungen betrachtet werden. Wird ein stark gehemmter Bereich des Kornwachstums für die Bestimmung der Wachstumskonstanten k verwendet, so sind die Ergebnisse zwangsläufig verfälscht. Daher wurden die entsprechenden Auswertungen auf einen Bereich beschränkt, welcher ein ungehemmtes Kornwachstum aufweist, wie in den Abschnitten 4.2.1 und 4.2.2 an betreffender Stelle angemerkt wurde. In einer vorangegangenen Studie wurden ähnlich kurze Haltezeiten verwendet und dabei keine Hemmung des Kornwachstums beobachtet ([79], vgl. auch Abschnitt 5.6).

5.6 Zur Kornwachstumsanomalie von Strontiumtitanat

Schließlich ist noch ein eventueller Zusammenhang der in dieser Studie gemessenen Oberflächenenergie und Korngrenzmobilität mit der Kornwachstumsanomalie von $SrTiO_3$ interessant ([79], vgl. Abschnitt 2.3.4). Es existieren zwei Temperaturen (etwa bei 1325 °C und 1400 °C in oxidierender Atmosphäre), bei denen das Kornwachstum um Größenordnungen langsamer wird. Eine mögliche Erklärung dieses Phänomens basiert auf einer Veränderung der Facettierung, welche durch eine Änderung der anisotropen Oberflächenenergie hervorgerufen wird [140].

Die in oxidierender Atmosphäre gemessenen Wachstumskonstanten können direkt mit den Daten der Literatur verglichen werden. Die Berechnung der Wachstumskonstante k der Einkristalle nach Gleichung 5.3 liefert die in Tabelle 5.4 aufgelisteten Werte. Diese sind in Abbildung 5.12 den Daten von Bäurer et al. [79] gegenübergestellt. Bei der Betrachtung der Wachstumskonstanten bei

1350 °C und 1380 °C fällt auf, dass bei 1380 °C ein wesentlich langsameres Kornwachstum stattfindet als bei 1350 °C. Es muss also davon ausgegangen werden, dass die Ofentemperaturen dieser Arbeit sich etwas von denen in der adressierten Studie [79] unterscheiden. Die Bauart des Ofens sowie die Charakteristik der Thermoelemente können in extremen Fällen zu Abweichungen von bis zu 20 K führen. Auf dieser Basis wurden in den Abbildungen 5.12 und 5.13 horizontale Fehlerbalken mit einer Breite von 20 K eingefügt.

T [°C]	Atmosphäre	k_{matrix} [m²/s]	k_{EK} [m²/s]			
			{100}	{110}	{111}	{310}
1250	O_2	8,27E-18	1,09E-17	5,35E-18	5,13E-18	8,28E-18
1350	O_2	4,88E-16	3,55E-16	2,90E-16	5,63E-16	4,43E-16
1380	O_2	1,21E-16	4,31E-17	9,69E-17	1,76E-16	1,55E-16
1460	O_2	4,01E-16	2,63E-15	1,55E-15	3,74E-15	2,54E-15
1550	O_2	4,80E-14	4,75E-14	7,28E-14	9,01E-14	6,30E-14
1600	O_2	1,72E-13	1,22E-13	1,77E-13	1,78E-13	1,66E-13
1350	N_2-H_2	1,17E-15	1,47E-15	1,22E-15	1,32E-15	1,40E-15
1550	N_2-H_2	2,01E-13	5,69E-13	1,25E-12	8,97E-13	1,14E-12

Tabelle 5.4: Wachstumskonstanten von Einkristallen und Matrix. Die Wachstumskonstanten der Einkristalle sind nach Gleichung 5.3 berechnet.

Alle Messungen dieser Arbeit bei 1380 °C sind also oberhalb der zweiten Sprungtemperatur von 1400 °C zu lokalisieren. Unter Beachtung einer Temperaturverschiebung von bis zu 20 K stimmen die Daten in Abbildung 5.12 gut überein. Die einzige deutliche Abweichung liegt bei 1380 °C vor. Allerdings liegt diese Messung nahe an der Sprungtemperatur, der genaue Kurvenverlauf ist in diesem Bereich nicht bekannt. Möglicherweise kann aus dieser Beobachtung ein fließender Übergang der Kornwachstumskonstanten über die Sprungtemperatur gefolgert werden, eine sichere Aussage erfordert weitere Messungen mit geringem Temperaturabstand im Bereich der Sprungtemperaturen.

Besonders hervorzuheben ist die Wachstumskonstante der Einkristalle, welche durch Kreuze in Abbildung 5.12 dargestellt sind. Die Orientierungen wurden der Übersichtlichkeit halber nicht bei der Darstellung berücksichtigt. Bei 1460 °C entsprechen diese ungefähr den Wachstumskonstanten für abnormales Kornwachstum nach Bäurer et al. [79], so dass das Wachstum der Einkristalle bei 1460 °C klar als abnormal einzustufen ist.

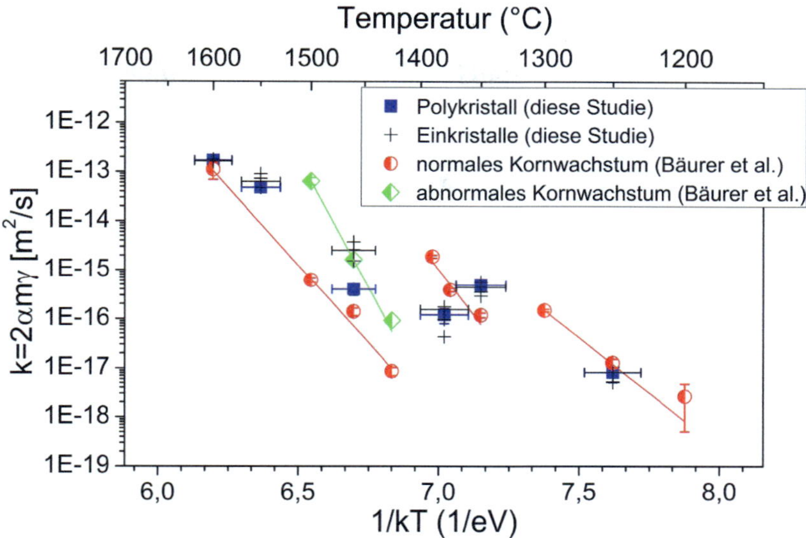

Abbildung 5.12: Kornwachstumskonstanten in oxidierender Atmosphäre nach Bäurer et al. [79] sowie nach den in dieser Arbeit gemessenen Daten. Die Werte dieser Arbeit wurden für eine Stöchiometrie von Sr/Ti = 1 gemessen, Bäurer et al. verwendeten Sr/Ti = 0,996. Die durchgezogenen Linien entsprechen einer angepassten Arrhenius-Gleichung an die jeweiligen Punkte. Die Wachstumskonstanten der Einkristalle wurden vereinfacht ohne deren Orientierung dargestellt.

Für eine Erklärung der Sprünge in der Kornwachstumsgeschwindigkeit auf Basis der Messwerte dieser Arbeit bieten sich zwei unterschiedliche Ansatzpunkte an.

Zum Ersten zeigen die relativen Oberflächenenergien unter oxidierenden Bedingungen in Abbildung 5.5 beziehungsweise 4.3 zwischen 1350 °C und 1380 °C eine Unstetigkeit. Der Messwert der {111}-Orientierung sinkt deutlich (von 1,22 nach 1,16), während der Wert der {110}-Orientierung in ähnlichem Maß ansteigt (von 1,07 nach 1,11). Nach Saylor et al. ist die Häufigkeit des Auftretens einer Korngrenzorientierung umgekehrt proportional zu dessen Oberflächenenergie [62, 64], eine energetisch günstige Oberfläche liegt in einem Polykristall also häufiger als Korngrenzorientierung vor als eine energetisch ungünstige. Es sei jedoch daran erinnert, dass die Daten der vorliegenden Studie diesem Zusammenhang widersprechen (vgl. Abschnitt 5.1.3).

Im vorliegenden Fall müsste demnach von 1350 °C nach 1380 °C entsprechend der Oberflächenenergie der Anteil an {110}-orientierten Korngrenzflächen sinken, der Anteil an {111}-orientierten Flächen ansteigen. Nach Tabelle 5.4 besitzt die {111}-Orientierung aber ungefähr die doppelte Mobilität der {110}-Orientierung, so dass nach dieser Argumentation eine Beschleunigung des Wachstums zu erwarten wäre. Das Gegenteil ist jedoch der Fall, weshalb die Änderungen der relativen Oberflächenenergie dieser beiden Orientierungen nicht für den Sprung in der Kornwachstumsgeschwindigkeit bei 1380 °C verantwortlich sein können.

Zweitens fällt der Verlauf der relativen Mobilität der {100}-Orientierung mit der Temperatur auf. Wie Abbildung 4.23 erkennen lässt, besitzt diese ab 1380 °C die geringste Mobilität aller betrachteten Orientierungen (mit Ausnahme der abnormal wachsenden Einkristalle bei 1460°C), unterhalb von 1380 °C ist die relative Mobilität teilweise relativ hoch. Gleichzeitig dokumentieren viele Studien das häufige Auftreten von auf einer Seite {100}-orientierten Korngrenzen ab 1400°C [49, 64-66, 100, 101]. Bei 1300°C sind diese deutlich seltener, wie mittels TEM [140] und mittels EBSD [191] nachgewiesen werden konnte.

In einer Vertex-Simulation wurde nachgewiesen, dass schon ein geringer Anteil Korngrenzen mit niedriger Mobilität ausreicht, um das Kornwachstum deutlich zu verlangsamen [11]. Auch andere Autoren kommen zu einem ähnlichen Ergebnis [172]. Die ab 1380 °C relativ geringe Mobilität der {100}-Orientierung könnte also gemeinsam mit der gleichzeitig ansteigenden Häufigkeit entsprechender Korngrenzen für den Rückgang der Kornwachstumsgeschwindigkeit bei 1400 °C verantwortlich sein.

Insgesamt konnte die Ursache der Kornwachstumsanomalie von SrTiO$_3$ in oxidierender Atmosphäre nicht zweifelsfrei mit einer Änderung der relativen Korngrenzmobilität oder Oberflächenenergie erklärt werden.

Die gleiche Darstellung ist auch für reduzierende Atmosphäre möglich. Entsprechende Daten wurden von Michael Bäurer analog zu [79] ermittelt, sind bisher aber noch nicht veröffentlicht [192]. Abbildung 5.13 zeigt diese gemeinsam mit den in dieser Studie gemessenen Werten. Es liegen nur bei 1350 °C und 1460 °C gemeinsame Datenpunkte vor, bei gleicher Stöchiometrie (Sr/Ti = 0,996) ist die Übereinstimmung gut. Bei 1350 °C führt in der vorliegenden Studie die Stöchiometrie Sr/Ti = 1 zu einer höheren Mobilität (blaue Dreiecke). Die bisherigen Daten [192] enthalten im entsprechenden Temperaturbereich ebenfalls eine größere Mobilität bei steigendem Sr/Ti-Verhältnis (grüne, halb gefüllte Quadrate). Bei 1500 °C und 1550 °C ist das Gegenteil der Fall. Da zumindest bei 1550 °C eine benetzende Flüssigphasenschicht vorliegt, ist allerdings kein konsistenter Verlauf zu erwarten.

Anders als unter oxidierenden Bedingungen erfolgt unter reduzierenden zwischen 1460 °C und 1500 °C eine deutliche Beschleunigung des Kornwachstums, welche nach Abschnitt 5.3 mit dem Auftreten einer benetzenden Flüssigphase in Verbindung gebracht werden kann. In Abbildung 5.13 ist eine gestrichelte Linie eingezeichnet. Alle Punkte außer die Messungen mit Sr/Ti = 0,996 zwischen 1390 °C und 1460 °C können durch diese Linie angenähert werden. Bei Vorliegen eines einzigen Kornwachstumsmechanismus wird in der gewählten Darstellung ein solcher linienförmiger Verlauf über den gesamten Temperaturbereich erwartet. Die Annäherung durch eine einzige Linie würde also einen gemeinsamen Wachstumsmechanismus unterhalb von 1390 °C und oberhalb von 1500 °C nahelegen. Für alle Messungen mit Strontiumüberschuss gilt diese Annahme ebenfalls. Da bei 1550 °C eine Flüssigphasenschicht nachgewiesen werden konnte, müsste bei 1350 °C ebenfalls eine Benetzung vorliegen. Diese konnte jedoch in der vorliegenden Arbeit nicht beobachtet werden (vgl. Abschnitt 5.3). Die Existenz einer intergranularen amorphen Schicht mit einer Dicke im Bereich weniger Nanometer hätte in den rasterelektronischen Untersuchen allerdings nicht bemerkt werden können. Deshalb sind auch in diesem Fall TEM-Studien zur Strukturaufklärung der Korngrenzen sinnvoll.

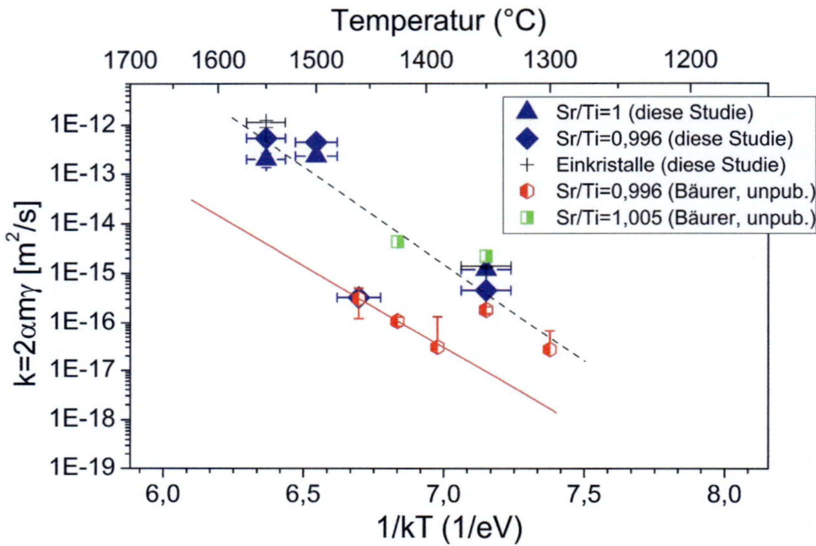

Abbildung 5.13: Kornwachstumskonstanten in reduzierender Atmosphäre dieser Arbeit sowie nach Bäurer [192]. Die eingeblendeten Linien entsprechen einer angepassten Arrhenius-Gleichung an die jeweiligen Punkte. Die Wachstumskonstanten der Einkristalle wurden vereinfacht ohne deren Orientierung dargestellt.

6. Zusammenfassung und Ausblick

Im Rahmen dieser Arbeit wurde die Anisotropie der Oberflächenenergie und Korngrenzmobilität von Strontiumtitanat zwischen 1250 °C und 1600 °C in oxidierender sowie reduzierender Atmosphäre experimentell ermittelt. Eine besondere Charakteristik der hier gewählten Experimente war die Trennung dieser beiden Parameter.

Die Oberflächenenergie wurde aus der Wulff-Form intragranularer Poren abgeleitet. Die Hauptorientierungen dieser Formen waren $\{100\}$, $\{110\}$ und $\{111\}$. Die Anisotropie der Oberflächenenergie sank mit der Temperatur, unter reduzierender Atmosphäre war sie generell geringer als unter oxidierender. Die gemessenen Werte stehen im Widerspruch zu der in der Literatur angegebenen Häufigkeit von $\{100\}$-facettierten Korngrenzen, wenn eine Korrelation dieser Häufigkeit mit der Korngrenzenergie angenommen wird.

Die Messung des Wachstums von Einkristallen in eine polykristalline Matrix hinein ermöglichte die Ermittlung der relativen Korngrenzmobilität unabhängig von der Korngrenzenergie. Die Anisotropie zwischen den vier betrachteten Orientierungen $\{100\}$, $\{110\}$, $\{111\}$ und $\{310\}$ machte nahezu unabhängig von Temperatur und Atmosphäre ungefähr einen Faktor 2 aus. Unter besonderen Bedingungen (1460 °C in oxidierender oder 1550 °C in reduzierender Atmosphäre) zeigten die Einkristalle jedoch ein wesentlich schnelleres Wachstum als das Kornwachstum der Matrix. Dieses wurde als abnormales Kornwachstum interpretiert.

Das abnormale Kornwachstum wurde aus unterschiedlichen Perspektiven betrachtet. Zum einen bestätigte das Modell von Hillert, dass die gemessene relative Oberflächenenergie und Korngrenzmobilität für eine Auslösung des abnormalen Kornwachstums ausreichen. Zum anderen wurden morphologische Konsequenzen für die abnormalen Körner abgeleitet.

Die Kornwachstumsanomalie von $SrTiO_3$ wurde in der vorliegenden Studie auch im Wachstum der einkristallinen Keime sichtbar. Zur Erklärung der Anomalie wurden unterschiedliche Ansätze diskutiert. Ein rein energetischer Ansatz erschien wegen der sehr geringen Effekte in der Oberflächenenergie als unwahrscheinlich. Die Änderung der Korngrenzmobilität der $\{100\}$-Orientierung mit der Temperatur erlaubte jedoch einen kombinierten Ansatz mit der Oberflächenenergie.

Auf das Kornwachstum wirkten in den durchgeführten Versuchen deutliche hemmende Effekte, welche das Wachstum der Polykristalle und der Einkristalle unter bestimmten Bedingungen vollständig unterbinden konnten. Diese Effekte wurden experimentell durch eine gezielte Veränderung der Stöchiometrie, die Kinetik des Wachstums sowie eine Verfolgung der Korngrößenverteilung charakterisiert. Zur modellhaften Vertiefung wurde eine umfassende Berechnung der Korngrößenverteilung unter Berücksichtigung unterschiedlicher hemmender Effekte durchgeführt. Dennoch konnte die Ursache für die Hemmung des Kornwachstums nicht zweifelsfrei herausgearbeitet werden.

Bei einer Veränderung der Atmosphäre und der Temperatur wurde ein Benetzungsübergang an den Korngrenzen gefunden. Dabei lag bei hohen Temperaturen in reduzierender Atmosphäre eine Flüssigphasenschicht an den Korngrenzen vor, welcher durch einen Wechsel zu oxidierender Atmosphäre oder zu niedriger Temperatur in linsenförmige Partikel zerfällt. Die Zusammensetzung der Schicht wurde mittels EDX untersucht, ein Einfluss durch Verunreinigungen konnte nicht nachgewiesen werden. Der Benetzungsübergang war vollständig reversibel.

Für folgende Arbeiten zum Thema Kornwachstum in $SrTiO_3$ zeichnen sich mehrere interessante Themen ab.

Zur weiteren Betrachtung der Wachstumsanomalie bieten sich neue Ansätze an. Zunächst könnten die ermittelten Parameter in bestehende Kornwachstumssimulationen integriert werden. Dadurch wäre eine modellhafte Überprüfung der vorgeschlagenen Erklärung der Kornwachstumsanomalie möglich.

Der Widerspruch zwischen Oberflächenenergie der {100}-Orientierung und der Häufigkeit entsprechend facettierter Korngrenzen steht möglicherweise ebenfalls mit der Kornwachstumsanomalie in Zusammenhang. Zur Klärung könnte die Relation zwischen Oberflächenenergie und Korngrenzenergie durch die Betrachtung intergranularer Poren untersucht werden.

Weiterhin könnte im Kontext der Wachstumsanomalie eine Betrachtung der absoluten Oberflächen- beziehungsweise Korngrenzenergie erfolgen.

Bezüglich der Korngrenzmobilität wäre es sinnvoll, mittels Bikristallen eine gezielte Betrachtung spezieller Missorientierungen ohne durch eine polykristalline Matrix gemittelte Triebkraft vorzunehmen. Die prinzipielle Durchführbarkeit dieses Experiments wurde im Rahmen der vorliegenden Studie durch einen Vorversuch belegt (vgl. Anhang B).

Auch zum abnormalen Kornwachstum bietet die vorliegende Arbeit neue Ansatzpunkte. Besondere Aspekte sind die Korngrenzstruktur der abnormal wachsenden Einkristalle sowie die Nachstellung der durchgeführten Wachstumsexperimente in der Simulation. Zudem stellt sich die Frage, welche Bedingungen das abnormale Wachstum der Einkristalle verursachen.

Weiterhin wäre die Ursache der Hemmung des Kornwachstums von Interesse, in folgenden Arbeiten sollten die Simulation der Korngrößenverteilung und eine TEM-Charakterisierung der Korngrenzstrukturen im Fokus liegen.

Besonders interessant erscheint der in der vorliegenden Arbeit gefundene Benetzungsübergang der Korngrenzen, ein Effekt, der bereits im Rahmen eines vorangehenden EU-Projekts (INCEMS) gesucht wurde und großes Potential zur technologischen Anwendung bietet. Dieser Übergang kann ausgenutzt werden, um durch eine kontrollierte Wärmebehandlung gezielt Flüssigphasenschichten zu erzeugen oder zu beseitigen und damit die Struktur der Korngrenzen entsprechend den Anforderungen einer spezifischen Anwendung einzustellen. So ist beispielsweise ein Sintern mit benetzenden Flüssigphasenschichten mit anschließender Umwandlung der Schichten in einzelne Partikel möglich. Eine kontrollierte Wärmebehandlung kann die Flüssigphase in sehr kleine Partikel gleichmäßig an den Korngrenzen verteilen und damit eine stark hemmende Wirkung auf das Kornwachstum erzeugen.

Mögliche Anwendungsgebiete des Benetzungsübergangs bieten sich im Zusammenhang mit PTC-Keramiken (Positive Temperature Coefficient). Entsprechende Bauteile wie etwa selbstregelnde Heizelemente oder Temperatursensoren werden bereits in großen Stückzahlen produziert und eingesetzt. Die Herstellung dieser Materialien umfasst üblicherweise einen reduzierenden Sinterprozess zur Sicherstellung der elektrischen Leitfähigkeit gefolgt von einer Oxidierung der Korngrenzen. Mögliche Einflüsse eines Benetzungsübergangs auf die Herstellung sind bisher nicht bekannt, jedoch auf Basis der Erkenntnisse dieser Arbeit zu vermuten.

7. Literatur

[1]   OSTWALD, W.: *Studien über die Bildung und Umwandlung fester Körper.* Zeitschrift für Physikalische Chemie, 22:289–330, 1897.

[2]   WAGNER, C.: *Theorie der Alterung von Niederschlaegen durch Umloesen.* Zeitschrift für Elektrochemie, 65(7/8):581–591, 1961.

[3]   LIFSHITZ, I.M. V.V. SLYOZOV: *The kinetics of precipitation from supersaturated solid solutions.* Journal of Physics and Chemistry of Solids, 19(1-2):35–50, 1961.

[4]   RAHAMAN, M.N.: *Ceramic Processing and Sintering.* Marcel Decker, New York, Basel, 2003.

[5]   HILLERT, M.: *On the theory of normal and abnormal grain growth.* Acta Metallurgica, 13(3):227–238, 1965.

[6]   ROHRER, G.S.: *Influence of Interface Anisotropy on Grain Growth and Coarsening.* Annual Reviews, 99–126, 2005.

[7]   FEPPON, J.M. W.B. HUTCHINSON: *On the growth of grains.* Acta Materialia, 50(13):3293–3300, 2002.

[8]   HUMPHREYS, F.J.: *A unified theory of recovery, recrystallization and grain growth, based on the stability and growth of cellular microstructures-I. The basic model.* Acta Materialia, 45(10):4231–4240, 1997.

[9]   POWERS, J.D. A.M. GLAESER: *Grain boundary migration in ceramics.* Interface Science, 6(1-2):23–39, 1998.

[10] YAN, M.F., R.M. CANNON, H.K. BOWEN U. CHOWDHRY: *Effect of grain-size distribution on sintered density.* Materials Science and Engineering, 60(3):275–281, 1983.

[11] BÄURER, M., M. SYHA D. WEYGAND: *Combined experimental and numerical study on the effective grain growth dynamics in highly anisotropic systems: application to Barium Titanate.* eingereicht bei Acta Materialia, 2013.

[12] SYHA, M. D. WEYGAND: *Conditions for the occurrence of Abnormal Grain Growth studied by a 3 D Vertex Dynamics Model. Materials Science Forum Vols. 715-716,* 563–567. Trans Tech Publications, Switzerland, 2012.

[13] GREST, G.S., M.P. ANDERSON, D.J. SROLOVITZ A.D. ROLLETT: *Abnormal grain growth in three dimensions.* Scripta Metallurgica et Materialia, 24(4):661–665, 1990.

[14] BURKE, J.E. D. TURNBULL: *Recrystallization and Grain Growth*. Progress in Metal Physics, 3:220–292, 1952.

[15] CHIANG, Y.-M., D.P. BIRNIE W.D. KINGERY: *Physical ceramics : principles for ceramic science and engineering*. MIT Series in materials science & engineering. Wiley, New York [u.a.], 1997.

[16] GOTTSTEIN, G.: *Physikalische Grundlagen der Materialkunde*. Springer-Lehrbuch. Springer, Berlin, 3. Aufl. , 2007.

[17] WULFF, G.V.: *Zur Frage der Geschwindigkeit des Wachstums und der Auflösung der Krystallflächen*. Zeitschrift für Krystallographie und Mineralogie, 34:449–530, 1901.

[18] HERRING, C.: *Some Theorems on the free Energies of Crystal Surfaces*. Physical Review, 82(1):87–93, 1951.

[19] CERF, R.: *The wulff crystal in ising and percolation model - Part I - Introduction. Wulff Crystal in Ising and Percolation Models*, 1878 *Lecture Notes in Mathematics*, 1. 2006.

[20] MILLER, W.A. G.A. CHADWICK: *Equilibrium shapes of small liquid droplets in solid-liquid phase mixtures - metallic HCP and metalloid systems*. Proceedings of the Royal Society of London Series A-Mathematical and Physical Sciences, 312(1509):257, 1969.

[21] MELTZMAN, H., D. CHATAIN, D. AVIZEMER, T.M. BESMANN W.D. KAPLAN: *The equilibrium crystal shape of nickel*. Acta Materialia, 59(9):3473–3483, 2011.

[22] CHATAIN, D., V. GHETTA P. WYNBLATT: *Equilibrium shape of copper crystals grown on sapphire*. Interface Science, 12(1):7–18, 2004.

[23] ARENHOLD, K., S. SURNEV, H.P. BONZEL P. WYNBLATT: *Step energetics of Pb(111) vicinal surfaces from facet shape*. Surface Science, 424(2-3):271–277, 1999.

[24] BONZEL, H.P.: *3D equilibrium crystal shapes in the new light of STM and AFM*. Physics Reports-Review Section of Physics Letters, 385(1-2):1–67, 2003.

[25] GIESEN, M., C. STEIMER H. IBACH: *What does one learn from equilibrium shapes of two-dimensional islands on surfaces?* Surface Science, 471(1-3):80–100, 2001.

[26] KITAYAMA, M. A.M. GLAESER: *The Wulff shape of alumina: III, undoped alumina*. Journal of the American Ceramic Society, 85(3):611–622, 2002.

[27] PARK, S.Y., K. CHOI, S.-J.L. KANG D.N. YOON: *Shape of MgAl₂O₄ grains in a CaMgSiAlO glass matrix*. Journal of the American Ceramic Society, 75(1):216–219, 1992.

[28] WYNBLATT, P. D. CHATAIN: *Surface segregation anisotropy and the equilibrium shape of alloy crystals*. Reviews on Advanced Materials Science, 21(1):44–56, 2009.

[29] CHOI, J.-H., D.-Y. KIM, B.J. HOCKEY, S.M. WIEDERHORN, C.A. HANDWERKER, J.E. BLENDELL, W.C. CARTER A.R. ROOSEN: *Equilibrium Shape of Internal Cavities in Sapphire*. Journal of the American Ceramic Society, 80(1):62–68, 1997.

[30] CHOI, J.H., D.Y. KIM, B.J. HOCKEY, S.M. WIEDERHORN, J.E. BLENDELL C.A. HANDWERKER: *Equilibrium shape of internal cavities in ruby and the effect of surface energy anisotropy on the equilibrium shape*. Journal of the American Ceramic Society, 85(7):1841–1844, 2002.

[31] POWEL-DOGAN, C.A. A.H. HEUER: *Microstructure of 96-percent alumina ceramics 1: characterization of the as-sintered materials*. Journal of the American Ceramic Society, 73(12):3670–3676, 1990.

[32] KITAYAMA, M., J.D. POWERS, L. KULINSKY A.M. GLAESER: *Surface and interface properties of alumina via model studies of microdesigned interfaces*. Journal of the American Ceramic Society, 19(13-14):2191–2209, 1999.

[33] KITAYAMA, M. A.M. GLAESER: *The Wulff shape of alumina: IV. Ti⁴⁺-doped alumina*. Journal of the American Ceramic Society, 88(12):3492–3500, 2005.

[34] KITAYAMA, M., T. NARUSHIMA A.M. GLAESER: *The Wulff shape of alumina: II. Experimental measurements of pore shape evolution rates*. Journal of the American Ceramic Society, 83(10):2572–2583, 2000.

[35] NARUSHIMA, T. A.M. GLAESER: *High-temperature morphological evolution of lithographically introduced cavities in silicon carbide*. Journal of the American Ceramic Society, 84(5):921–928, 2001.

[36] WANG, Z.Y., M.P. HARMER Y.T. CHOU: *Pore-grain boundary configurations in lithium-fluoride*. Journal of the American Ceramic Society, 69(10):735–740, 1986.

[37] JOHNSON, E., H.H. ANDERSEN U. DAHMEN: *Nanoscale lead and noble gas inclusions in aluminum: Structures and properties*. Microscopy Research and Technique, 64(5-6):356–372, 2004.

[38] NELSON, R.S., D.J. MAZEY R.S. BARNES: *Thermal equilibrium shape and size of holes in solids.* Philosophical Magazine, 11(109):91, 1965.

[39] LIOU, J.K., M.H. LIN H.Y. LU: *Crystallographic facetting in sintered barium titanate.* Journal of the American Ceramic Society, 85(12):2931–2937, 2002.

[40] HEO, Y.H., S.-C. JEON, J.G. FISHER, S.-Y. CHOI, K.-H. HUR S.-J.L. KANG: *Effect of step free energy on delayed abnormal grain growth in a liquid phase-sintered BaTiO₃ model system.* Journal of the European Ceramic Society, 31(5):755–762, 2011.

[41] SANO, T., D.M. SAYLOR G.S. ROHRER: *Surface Energy Anisotropy of SrTiO₃ at 1400 °C in Air.* Journal of the American Ceramic Society, 86(11):1933–1939, 2003.

[42] BURTON, W.K., N. CABRERA F.C. FRANK: *The growth of crystals and the equilibrium structure of their surfaces.* Philosophical Transactions of the Royal Society of London Series A-Mathematical and Physical Sciences, 243(866):299–358, 1951.

[43] MCLEAN, M. H. MYKURA: *Temperature dependence of surface energy anisotropy of platinum.* Surface Science, 5(4):466, 1966.

[44] CARTER, W.C., A.R. ROOSEN, J.W. CAHN J.E. TAYLOR: *Shape evolution by surface-diffusion end surface attachment limited kinetics on completely faceted surfaces.* Acta Metallurgica et Materialia, 43(12):4309–4323, 1995.

[45] KERN, R.: *Morphology of crystals Part A: Fundamentals*, A, The equilibrium form of a crystal, 77–206. Terra Scientific Publ., Tokyo, 1987.

[46] BLENDELL, J.E., W.C. CARTER C.A. HANDWERKER: *Faceting and wetting transitions of anisotropic interfaces and grain boundaries.* Journal of the American Ceramic Society, 82(7):1889–1900, 1999.

[47] KIM, D.Y., S.M. WIEDERHORN, B.J. HOCKEY, C.A. HANDWERKER J.E. BLENDELL: *Stability and surface energies of wetted grain-boundaries in aluminum-oxide.* Journal of the American Ceramic Society, 77(2):444–453, 1994.

[48] LEE, S.B., W. SIGLE, W. KURTZ M. RÜHLE: *Temperature dependence of faceting in Sigma 5(310)[001] grain boundary of SrTiO₃.* Acta Materialia, 51:975–981, 2003.

[49] ROHRER, G.S.: *Grain boundary energy anisotropy: a review.* Journal of Materials Science, 46(18):5881–5895, 2011.

[50] MORAWIEC, A: *On equilibrium conditions at junctions of anisotropic interfaces.* Journal of Materials Science, 40(11):2803–2806, 2005.

[51] ROLLETT, A.D., C.C. YANG, W.W. MULLINS, B.L. ADAMS, C.T. WU, D. KINDERLEHRER, S. TA'ASAN, F. MANOLACHE, C. LIU, I. LIVSHITS, D. MASON, A. TALUKDER, S. OZDEMIR, D. CASASENT, A. MORAWIEC, D. SAYLOR, G.S. ROHRER, M. DEMIREL, B. EL-DASHER W. YANG: *Grain boundary property determination through measurement of triple junction geometry and crystallography.* GOTTSTEIN, G. D.A. MOLODOV: *Recrystallization and Grain Growth, Vols 1 and 2*, 165–175. SPRINGER-VERLAG BERLIN, 2001.

[52] ADAMS, B.L., S. TA'ASAN, D. KINDERLEHRER, I. LIVSHITS, D.E. MASON, C.T. WU, W.W. MULLINS, G.S. ROHRER, A.D. ROLLETT D.M. SAYLOR: *Extracting grain boundary and surface energy from measurement of triple junction geometry.* Interface Science, 7(3-4):321–338, 1999.

[53] ROHRER, G.S., D.M. SAYLOR, B. EL-DASHER, B.L. ADAMS, A.D. ROLLETT P. WYNBLATT: *The distribution of internal interfaces in polycrystals.* Zeitschrift für Metallkunde, 95, 2004.

[54] HERRING, C.: *The physics of powder metallurgy*, S. 143. McGraw-Hill, New York, 1951.

[55] DILLON, S.J., M.P. HARMER G.S. ROHRER: *The Relative Energies of Normally and Abnormally Growing Grain Boundaries in Alumina Displaying Different Complexions.* Journal of the American Ceramic Society, 93(6):1796–1802, 2010.

[56] DILLON, S.J., H. MILLER, M.P. HARMER G.S. ROHRER: *Grain boundary plane distributions in aluminas evolving by normal and abnormal grain growth and displaying different complexions.* International Journal of Materials Research, 101(1):50–56, 2010.

[57] KUCHERINENKO, Y., S. PROTASOVA B. STRAUMAL: *Faceting of Sigma 3 grain boundaries in Cu: three-dimensional Wulff diagrams.* DANIELEWSKI, M., R. FILIPEK, R. KOZUBS, W. KUCZA, P. ZIEBA Z. ZUREK: *Diffusion in Materials: dimat 2004, pts 1 and 2*, 237-240 *Defect and Diffusion Forum Series*, 584–589, 2005.

[58] MULLINS, W.W.: *Capillarity-induced surface morphologies.* Interface Science, 9(1-2):9–20, 2001.

[59] STRAUMAL, B., YA. KUCHERINENKO B. BARETZKY: *3-dimensional wulff diagrams for sigma 3 grain boundaries in Cu*. Reviews on Advanced Materials Science, 7:23–31, 2004.

[60] SAYLOR, D.M., D.E. MASON G.S. ROHRER: *Experimental method for determining surface energy anisotropy and its application to magnesia*. Journal of the American Ceramic Society, 83(5):1226–1232, 2000.

[61] SAYLOR, D.M. G.S. ROHRER: *Evaluating anisotropic surface energies using the capillarity vector reconstruction method*. Interface Science, 9(1-2):35–42, 2001.

[62] SAYLOR, D.M., B. EL-DASHER, Y. PANG, H.M. MILLER, P. WYNBLATT, A.D. ROLLETT G.S. ROHRER: *Habits of Grains in Dense Polycrystalline Solids*. Journal of the American Ceramic Society, 87(4):724–726, 2004.

[63] HARMER, M.P.: *Interfacial Kinetic Engineering: How Far Have We Come Since Kingery's Inaugural Sosman Address?* Journal of the American Ceramic Society, 93:301–317, 2010.

[64] SAYLOR, D.M., B. EL-DASHER, T. SANO G.S. ROHRER: *Distribution of Grain Boundaries in SrTiO₃ as a Function of Five Macroscopic Parameters*. Journal of the American Ceramic Society, 87(4):670–676, 2004.

[65] SHIH, S.-J., C. BISHOP D.J.H. COCKAYNE: *Distribution of Sigma 3 misorientations in polycrystalline strontium titanate*. Journal of the European Ceramic Society, 29(14):3023–3029, 2009.

[66] SHIH, S.-J., K. DUDECK, S.-Y. CHOI, M. BÄURER, M.J. HOFFMANN D. COCKAYNE: *Studies of grain orientations and grain boundaries in polycrystalline SrTiO₃*. Journal of Physics: Conference Series, 94, 2008.

[67] ERNST, F., M.L. MULVIHILL, O. KIENZLE M. RÜHLE: *Preferred Grain Orientation Relationships in Sintered Perovskite Ceramics*. Journal Of The American Ceramic Society, 84:1885–1890, 2001.

[68] PARK, M.-B., S.-J. SHIH D.J. H. COCKAYNE: *The preferred CSL misorientation distribution in polycrystalline SrTiO₃*. Journal of Microscopy-Oxford, 227(3):292–297, 2007.

[69] SHIH, S.-J., M.-B. PARK D.J.H. COCKAYNE: *The interpretation of indexing of high Sigma CSL grain boundaries from ceramics*. Journal of Microscopy-Oxford, 227(3):309–314, 2007.

[70] SAYLOR, D.M., A. MORAWIEC G.S. ROHRER: *Distribution of grain boundaries in magnesia as a function of five macroscopic parameters*. Acta Materialia, 51(13):3663–3674, 2003.

[71] SAYLOR, D.M., A. MORAWIEC G.S. ROHRER: *The relative free energies of grain boundaries in magnesia as a function of five macroscopic parameters*. Acta Materialia, 51(13):3675–3686, 2003.

[72] GRUBER, J., D.C. GEORGE, A.P. KUPRAT, G.S. ROHRER A.D. ROLLETT: *Effect of anisotropic grain boundary properties on grain boundary plane distributions during grain growth*. Scripta Materialia, 53(3):351–355, 2005.

[73] SAYLOR, D.M., B.S. EL-DASHER, B.L. ADAMS G.S. ROHRER: *Measuring the five-parameter grain-boundary distribution from observations of planar sections*. Metallurgical and Materials Transactions A-Physical Metallurgy and Materials Science, 35A(7):1981–1989, 2004.

[74] JOHNSON, G., A. KING, M.G. HONNICKE, J. MARROW W. LUDWIG: *X-ray diffraction contrast tomography: a novel technique for three-dimensional grain mapping of polycrystals. II. The combined case*. Journal of Applied Crystallography, 41(Part 2):310–318, 2008.

[75] SYHA, M., M. BÄURER, M.J. HOFFMANN, E.M. LAURIDSEN, W. LUDWIG, D. WEYGAND P. GUMBSCH: *Comparing grain growth experiments and simulations in 3D*. HANSEN, N., D. JUUL JENSEN, S.F. NIELSEN, H.F. POULSEN B. RALPH: *31st Risø International Symposium on Materials Science: Challenges in materials science and possibilities in 3D and 4D characterization techniques*, 31, 437–442, 2010.

[76] SYHA, M., W. RHEINHEIMER, M. BÄURER, W. LUDWIG, E.M. LAURIDSEN, D. WEYGAND P. GUMBSCH: *Interface Orientation Distribution during Grain Growth in Bulk Strontium Titanate measured by means of 3D X-Ray Diffraction Contrast Tomography*. MRS Fall Meeting, 2011.

[77] SYHA, M., W. RHEINHEIMER, M. BÄURER, E. M. LAURIDSEN, W. LUDWIG, D. WEYGAND P. GUMBSCH: *Three-dimensional grain structure of sintered bulk strontium titanate from X-ray diffraction contrast tomography*. Scripta Materialia, 66(1):1–4, 2012.

[78] DILLON, S.J. M.P. HARMER: *Direct Observation of Multilayer Adsorption on Alumina Grain Boundaries*. Journal of the American Ceramic Society, 90(3):996–998, 2007.

[79] BÄURER, M., D. WEYGAND, P. GUMBSCH M.J. HOFFMANN: *Grain growth anomaly in strontium titanate*. Scripta Materialia, 61(6):584–587, 2009.

[80] STENTON, N. M.P. HARMER: *Electron Microscopy Studies of a Strontium Titanate Based Boundary-Layer Material.* Advances in Ceramics: Additives and Interfaces in Electronic Ceramics, VII:156–65, 1983.

[81] PENG, C.-J. Y.-M. CHIANG: *Grain growth in donor-doped SrTiO₃.* Journal of Materials Research, 5(6):1237–1245, 1990.

[82] FURUKAWA, Y., O. SAKURAI, K. SHINOZAKI N. MIZUTANI: *Effect of wettability of grains by a liquid phase on grain growth behavior of La-doped SrTiO₃ ceramics.* Journal of the Ceramic Society of Japan, 104:900–903, 1996.

[83] LUO, J.: *Stabilization of nanoscale quasi-liquid interfacial films in inorganic materials: A review and critical assessment.* Critical Reviews in Solid State and Materials Sciences, 32(1-2):67–109, 2007.

[84] CAHN, J.W.: *Critical point wetting.* The Journal of Chemical Physics, 66(8):3667–3672, 1977.

[85] KIKUCHI, R. J.W. CAHN: *Grain-boundary melting transition in a two-dimensional lattice-gas model.* Physical Review B, 21:1893 – 1897, 1980.

[86] LUO, J., M. TANG, R.M. CANNON, W.C. CARTER Y.M. CHIANG: *Pressure-balance and diffuse-interface models for surficial amorphous films.* Materials Science and Engineering A-Structural Materials Properties Microstructure and Processing, 422(1-2):19–28, APR 25 2006.

[87] LUO, J.: *Liquid-like interface complexion: From activated sintering to grain boundary diagrams.* Current Opinion in Solid State and Materials Science, 12:81–88, 2008.

[88] LUO, J. X. SHI: *Grain boundary disordering in binary alloys.* Applied Physics Letters, 92(10), 2008.

[89] CLARKE, D.R.: *On The Equilibrium Thickness Of Intergranular Glass Phases In Ceramic Materials.* Journal Of The American Ceramic Society, 70(1):15–22, 1987.

[90] LUO, J. Y. M. CHIANG: *Existence and stability of nanometer-thick disordered films on oxide surfaces.* Acta Materialia, 48(18-19):4501–4515, 2000.

[91] LUO, J., H. WANG Y.-M. CHIANG: *Origin of Solid-State Activated Sintering in Bi₂O₃-Doped ZnO.* Journal of the American Ceramic Society, 82:916–20, 1999.

[92] SUBRAMANIAM, A., C.T. KOCH, R.M. CANNON M. RÜHLE: *Intergranular glassy films: An overview.* Materials Science and Engineering: A, 422(1-2):3–18, 2006.

[93] ACKLER, H.D. Y.-M. CHIANG: *Effect of initial microstructure on final intergranular phase distribution in liquid-phase-sintered ceramics.* Journal of the American Ceramic Society, 82(1):183–189, 1999.

[94] YOON, B.-K., S.-Y. CHOI, T. YAMAMOTO, Y. IKUHARA S.-J.L. KANG: *Grain boundary mobility and grain growth behavior in polycrystals with faceted wet and dry boundaries.* Acta Materialia, 57(7):2128–2135, 2009.

[95] CHUNG, S.-Y. S.-J.L. KANG: *Effect of Dislocations on Grain Growth in Strontium Titanate.* Journal of the American Ceramic Society, 83(11):2828–2832, 2000.

[96] CHUNG, S.-Y. S.-J.L. KANG: *Intergranular amorphous films and dislocations-promoted grain growth in SrTiO₃.* Acta Materialia, 51:2345–2354, 2003.

[97] PAN, X., H. GU, S. STEMMER M. RUHLE: *Grain boundary structure and composition in strontium titanate.* FERRO, A.C., J.P. CONDE M.A. FORTES: *Intergranular and Interphase Boundaries in Materials, pt 1,* 207 *Materials Science Forum,* 421–424, 1996.

[98] XING, J.J., H. GU, Y.-U. HEO M. TAKEGUCHI: *Initial transient structure and chemistry of intergranular glassy films in ferric-oxide doped strontium titanate ceramics.* Journal of Materials Science, 46(12):4361–4367, 2011.

[99] CHUNG, S.-Y. S.-J.L. KANG: *Effect of Sintering Atmosphere on Grain Boundary Segregation and Grain Growth in Niobium-Doped SrTiO₃.* Journal of the American Ceramic Society, 85(11):2805–2810, 2002.

[100] BÄURER, M., S.-J. SHIH, C. BISHOP, M.P. HARMER, D. COCKAYNE M.J. HOFFMANN: *Abnormal grain growth in undoped strontium and barium titanate.* Acta Materialia, 58:290, 2010.

[101] SHIH, S.-J., S. LOZANO-PEREZ D.J.H. COCKAYNE: *Investigation of grain boundaries for abnormal grain growth in polycrystalline SrTiO₃.* Journal of Materials Research, 25(2):260–265, 2010.

[102] AN, S.-M. S.-J.L. KANG: *Boundary structural transition and grain growth behavior in BaTiO₃ with Nd₂O₃ doping and oxygen partial pressure change.* Acta Materialia, 59(5):1964–1973, 2011.

[103] An, S.-M., B.-K. Yoon, S.-Y. Chung S.-J.L. Kang: *Nonlinear driving force–velocity relationship for the migration of faceted boundaries*. Acta Materialia, 60(11):4531–4539, 06 2012.

[104] Chung, S.-Y., D.Y. Yoon S.-J.L. Kang: *Effects of donor concentration and oxygen partial pressure on interface morphology and grain growth behavior in SrTiO₃*. Acta Materialia, 50:3361–3371, 2002.

[105] Kim, S.G. Y.B. Park: *Grain boundary segregation, solute drag and abnormal grain growth*. Acta Materialia, 56:3739–3753, 2008.

[106] Cahn, J.W.: *Impurity-Drag Effect In Grain Boundary Motion*. Acta Metallurgica, 10:789, 1962.

[107] Chiang, Y.-M. T. Takagi: *Grain-Boundary Chemistry of Barium Titanate and Strontium Titanate: I, High-Temperature Equilibrium Space Charge*. Journal of the American Ceramic Society, 73(11):3278–3285, 1990.

[108] Chiang, Y.-M. T. Takagi: *Grain-Boundary Chemistry of Barium Titanate and Strontium Titanate: II, Origin of Electrical Barriers in Positive-Temperature-Coefficient Thermistors*. Journal of the American Ceramic Society, 73:3286–3291, 1990.

[109] Dillon, S.J., S.K. Behera M.P. Harmer: *An experimentally quantifiable solute drag factor*. Acta Materialia, 56(6):1374–1379, 2008.

[110] Smith, C.S.: *Grains, phases, and interfaces - an interpretation of microstructure*. Transactions of the American Institute of Mining and Metallurgical Engineers, 175:15–51, 1948.

[111] Manohar, P.A., M. Ferry T. Chandra: *Five decades of the Zener equation*. ISIJ International, 38(9):913–924, 1998.

[112] Rios, P.R.: *Abnormal grain growth development from uniform grain size distributions*. Acta Materialia, 45(4):1785–1789, 1997.

[113] Weygand, D., Y. Brechet J. Lepinoux: *Zener pinning and grain growth: A two-dimensional vertex computer simulation*. Acta Materialia, 47(3):961–970, 1999.

[114] Burke, J.E.: *Role of grain boundaries in sintering*. Journal of the American Ceramic Society, 40(3):80–85, 1957.

[115] Hazzledine, P.M. R.D.J. Oldershaw: *Computer-simulation of zener pinning*. Philosophical Magazine A-Physics of Condensed Matter Structure Defects and Mechanical Properties, 61(4):579–589, 1990.

[116] MIODOWNIK, M., J.W. MARTIN A. CEREZO: *Mesoscale simulations of particle pinning*. Philosophical Magazine A-Physics of Condensed Matter Structure Defects and Mechanical Properties, 79(1):203–222, 1999.

[117] OLGUIN, A., M. ORTIZ, C.H. WORNER, O. HERRERA, B.K. KAD P.M. HAZZLEDINE: *Zener pins and needles*. Philosophical Magazine Bb-Physics of Condensed Matter Statistical Mechanics Electronic Optical and Magnetic Properties, 81(8):731–744, 2001.

[118] CHANG, K., W. FENG L.-Q. CHEN: *Effect of second-phase particle morphology on grain growth kinetics*. Acta Materialia, 57(17):5229–5236, 2009.

[119] SAITO, Y. M. ENOMOTO: *Monte-carlo simulation of grain-growth*. ISIJ International, 32(3):267–274, 1992.

[120] RÖDEL, J. A.M. GLAESER: *Pore drag and pore-boundary separation in alumina*. Journal of the American Ceramic Society, 73(11):3302–3312, 1990.

[121] FISHER, J.G. S.-J.L. KANG: *Nonlinear migration of faceted boundaries and nonstationary grain growth in ceramics*. Materials Science Forum, 715-716:719–724, 2012.

[122] JO, W., D.-Y. KIM N.-M. HWANG: *Effect of interface structure on the microstructural evolution of ceramics*. Journal of the American Ceramic Society, 89(8):2369–2380, 2006.

[123] PETEVES, S.D. G.J. ABBASCHIAN: *Growth-kinetics of faceted solid liquid interfaces and kinetic roughening*. Journal of Crystal Growth, 79(1-3, Part 2):775–782, 1986.

[124] PETEVES, S.D. R. ABBASCHIAN: *Growth-kinetics of solid-liquid Ga interfaces: Part 2. Theoretical*. Metallurgical and Materials Transactions A-Physical Metallurgy and Materials Science, 22(6):1271–1286, 1991.

[125] PETEVES, S.D. R. ABBASCHIAN: *Growth kinetics of solid-liquid Ga interfaces: Part 1. Experimental*. Metallurgical and Materials Transactions A-Physical Metallurgy and Materials Science, 22(6):1259–1270, 1991.

[126] GLEITER, H.: *Mechanism of grain boundary migration*. Acta Metallurgica, 17(5):565, 1969.

[127] MERKLE, K.L. L.J. THOMPSON: *Atomic-scale observation of grain boundary motion*. Materials Letters, 48(3-4):188–193, 2001.

[128] MERKLE, K.L., L.J. THOMPSON F. PHILLIPP: *Thermally activated step motion observed by high-resolution electron microscopy at a (113) symmet-

ric tilt grain-boundary in aluminium. Philosophical Magazine Letters, 82(11):589–597, 2002.

[129] JUNG, Y.-I., D.Y. YOON S.-J.L. KANG: *Coarsening of polyhedral grains in a liquid matrix.* Journal of Materials Research, 24(9):2949–2959, 2009.

[130] CHOI, S.-Y., D.Y. YOON S.-J.L. KANG: *Kinetic formation and thickening of intergranular amorphous films at grain boundaries in barium titanate.* Acta Materialia, 52(12):3721–3726, JUL 12 2004.

[131] BACK, J.H., M.J. KIM D.Y. YOON: *Migration of corundum crystal basal surfaces in a matrix of fine alumina grains and anorthite liquid.* Journal of the American Ceramic Society, 88(11):3177–3183, 2005.

[132] KANG, S.-J.L., S.-Y. CHUNG J. NOWOTNY: *Effect of Lattice Defects on Interface Morphology and Grain Growth in SrTiO3.* Key Engineering Materials, 253:63–72, 2003.

[133] CHOI, S.-Y., Y.-I. JUNG S.-J.L. KANG: *Grain-boundary structural transition and sintering behavior in barium titanate.* Key Engineering Materials, 247:377–380, 2003.

[134] CHOI, S.-Y. S.-J.L. KANG: *Sintering kinetics by structural transition at grain boundaries in barium titanate.* Acta Materialia, 52:2937–2943, 2004.

[135] JUNG, Y.-I., S.-Y. CHOI S.-J.L. KANG: *Effect of oxygen partial pressure on grain boundary structure and grain growth behavior in BaTiO$_3$.* Acta Materialia, 54:2849–2855, 2006.

[136] LEE, M.-G., S.-Y. CHUNG S.-J.L. KANG: *Boundary faceting-dependent densification in a BaTiO$_3$ model system.* Acta Materialia, 59(2):692–698, 2011.

[137] LEE, S.B., S.-Y. CHOI, S.-J.L. KANG D.Y. YOON: *TEM observations of singular grain boundaries and their roughening transition in TiO$_2$-excess BaTiO$_3$.* Zeitschrift für Metallkunde/Materials Research and Advanced Techniques, 94(3):193–199, 2003.

[138] MOOS, R. K.H. HÄRDTL: *Defect Chemistry of Donor-Doped and Undoped Strontium Titanate Ceramics between 1000 °C and 1400 °C.* Journal of the American Ceramic Society, 80(10):2549–2562, 1997.

[139] LEE, S.B., W. SIGLE M. RÜHLE: *Faceting behavior of an asymmetric SrTiO$_3$ Sigma 5 [001] tilt grain boundary close to its defaceting transition.* Acta Materialia, 51(15):4583–4588, SEP 3 2003.

[140] BÄURER, M., H. STÖRMER, D. GERTHSEN M.J. HOFFMANN: *Linking Grain Boundaries and Grain Growth in Ceramics.* Advanced Engineering Materials, 12(12):1230–1234, 2010.

[141] YAMAMOTO, T., Y. IKUHARA, K. HAYASHI T. SAKUMA: *Grain boundary structure in TiO_2 excess barium titanate.* Journal of Materials Research, 13(12):3449–3452, 1998.

[142] LEE, B.-K., S.-Y. CHUNG S.-J.L. KANG: *Necessary Conditions for the Formation of (111) Twins in Barium Titanate.* Journal of the American Ceramic Society, 83(11):2858–2860, 2000.

[143] LEE, B.-K., S.-Y. CHUNG S.-J.L. KANG: *Grain Boundary Faceting and abnormal Grain Growth in $BaTiO_3$.* Acta Materialia, 48:1575–1580, 2000.

[144] LEE, B.-K., Y.-I. JUNG, S.-J.L. KANG J. NOWOTNY: *(111) twin formation and abnormal grain growth in barium strontium titanate.* Journal of the American Ceramic Society, 86(1):155–160, 2003.

[145] SANO, T., C.-S. KIM G.S. ROHRER: *Shape Evolution of $SrTiO_3$ Crystals During Coarsening in a Titania-Rich Liquid.* Journal of the American Ceramic Society, 88:993–996, 2005.

[146] SANO, T. G.S. ROHRER: *Experimental Evidence for the Development of Bimodal Grain Size Distributions by the Nucleation-Limited Coarsening Mechanism.* Journal Of The American Ceramic Society, 90:199–204, 2007.

[147] CHOI, S.-Y., S.-J.L. KANG, S.-Y. CHUNG, T. YAMAMOTO Y. IKUHARA: *Change in cation nonstoichiometry at interfaces during crystal growth in polycrystalline $BaTiO_3$.* Applied Physics Letters, 88(1), 2006.

[148] CHOI, S.-Y., S.-J.L. KANG S.-Y. CHUNG: *Abnormal grain growth and intergranular amorphous film formation in $BaTiO_3$.* Journal of the American Ceramic Society, 90(2):645–648, 2007.

[149] AMARAL, L., M. FERNANDES, A.M.R. SENOS, P.M. VILARINHO M.P. HARMER: *Grain Growth Anomaly in Ti-rich Strontium Titanate as Revealed by Electron Microscopy.* Microscopy and Microanalysis, 18(5):123–124, 2012.

[150] FURTKAMP, M., P. LEJCEK S. TSUREKAWA: *Grain boundary migration in Fe-3wt%Si alloys.* Interface Science, 6(1-2):59–66, 1998.

[151] GOTTSTEIN, G., U. CZUBAYKO, D.A. MOLODOV, L.S. SHVINDLERMAN W. WUNDERLICH: *In-situ observations of grain boundary migration.*

YOSHINAGA, H., T. WATANABE N. TAKAHASHI: *Grain Growth in Polycrystalline Materials II, pts 1 and 2*, 204 *Materials Science Forum*, 99–108. Transtec Publications ltd, 1996.

[152] KIRCH, D.M., B. ZHAO, D.A. MOLODOV G. GOTTSTEIN: *Faceting of low-angle <100> tilt grain boundaries in aluminum*. Scripta Materialia, 56(11):939–942, 2007.

[153] UPMANYU, M, DJ SROLOVITZ, L.S. SHVINDLERMAN G. GOTTSTEIN: *Misorientation dependence of intrinsic grain boundary mobility: Simulation and experiment*. Acta Materialia, 47(14):3901–3914, OCT 26 1999.

[154] MOLODOV, D.A., G. GOTTSTEIN, F. HERINGHAUS L.S. SHVINDLERMAN: *True absolute grain boundary mobility: Motion of specific planar boundaries in Bi-bicrystals under magnetic driving forces*. Acta Materialia, 46(16):5627–5632, OCT 9 1998.

[155] KINOSHITA, M.: *Boundary Migration of Single Crystal in Polycrystalline Alumina*. Yogyo Kyokai Shi, 82(5):295–296, 1974.

[156] MONAHAN, R.D. J.W. HALLORAN: *Single-crystal boundary migration in hot-pressed aluminum-oxide*. Journal of the American Ceramic Society, 62(11-1):564–567, 1979.

[157] RÖDEL, J. A.M. GLAESER: *Anisotropy of Grain-Growth in Alumina*. Journal of the American Ceramic Society, 73(11):3292–3301, 1990.

[158] HANDWERKER, C.A., P.A. MORRIS R.L. COBLE: *Effects of chemical inhomogeneities on grain-growth and microstructure in Al_2O_3*. Journal of the American Ceramic Society, 72(1):130–136, 1989.

[159] KAYSSER, W.A., M. SPRISSLER, C.A. HANDWERKER J.E. BLENDELL: *Effect of a liquid-phase on the morphology of grain-growth in alumina*. Journal of the American Ceramic Society, 70(5):339–343, 1987.

[160] PARK, C.W., D.Y. YOON, J.E. BLENDELL C.A. HANDWERKER: *Singular grain boundaries in alumina and their roughening transition*. Journal of the American Ceramic Society, 86(4):603–611, 2003.

[161] FINKELSTEIN, Y., S.M. WIEDERHORN, B.J. HOCKEY, C.A. HANDWERKER J.E. BLENDELL: *Migration of Saphire Interfaces into vitreous bonded Aluminium-Oxide*. HANDWERKER, C.A., J.E. BLENDELL W. KAYSSER: *Sintering of Advanced Ceramics*, 7 *Ceramic Transactions*, 258–279. American Ceramic Society, 1990.

[162] BÄURER, M.: *Kornwachstum in Strontiumtitanat.* , Universität Karlsruhe (TH), 2009. Promotionsschrift.

[163] BÄURER, M., H. KUNGL M.J. HOFFMANN: *Influence of Sr/Ti stoichiometry on the densification behaviour of Strontium Titanate.* Journal of the American Ceramic Society, 92:601–606, 2009.

[164] PAUL C. MCINTYRE, P.C.: *Point defect equilibrium in strontium titanate thin films.* Journal of applied Physics, 89/12:8074–8084, 2001.

[165] HAWKES, P.W. [HRSG.] ; SPENCE, J.C.H. [HRSG.]: *Science of Microscopy.* Springer, New York, NY, 2007.

[166] EVANS, B., J. RENNER G. HIRTH: *A few remarks on the kinetics of static grain growth in rocks.* International Journal of Earth Sciences, 90(1):88–103, 2001.

[167] YAN, M.F., R.M. CANNON H.K. BOWEN: *Grain Boundary Migration in Ceramics.* FULWRATH, R.M. J.A. PASK: *Ceramic Microstructures '76,* 276–307. Westview Press, Boulder, 1976.

[168] DRYS, M. W. TRZEBIATOWSKI: *Phase Diagrams for Ceramists,* 119. The American Ceramics Society, Columbus, Ohio, 1957.

[169] HEIDEMANN, A. H. WETTENGEL: *Die Messung der Gitterparameteränderung von SrTiO₃.* Z. Physik, 258:429–438, 1973.

[170] JIN, M.X., E. SHIMADA Y. IKUMA: *Grain boundary grooving by surface diffusion in SrTiO₃ bicrystal.* Journal of Materials Research, 14(6):2548–2553, 1999.

[171] LEE, S.B., J.-H. LEE, Y.-H. CHO, D.-Y. KIM, W. SIGLE, F. PHILLIPP P.A. VAN AKEN: *Grain-boundary plane orientation dependence of electrical barriers at Sigma 5 boundaries in SrTiO₃.* Acta Materialia, 56(18):4993–4997, 2008.

[172] HOLM, E.A. S.M. FOILES: *How grain growth stops: A mechanism for grain growth stagnation in pure materials.* Science, 328:1138, 2010.

[173] LUO, J., Y.-M. CHIANG R.M. CANNON: *Nanometer-thick surficial films in oxides as a case of prewetting.* Langmuir, 21(16):7358–7365, 2005.

[174] RUDDLESDEN, S. N. P. POPPER: *The Compound Sr₃Ti₂O₇ And Its Structure.* Acta Crystallographica, 11(1):54–55, 1958.

[175] AMARAL, L., A.M.R. SENOS P.M. VILARINHO: *Nonstoichiometry Effects in SrTiO₃ Ceramics Assessed by Transmission Electron Microscopy.* Microscopy and Microanalysis, 14(3):5–6, 2008.

[176] TILLEY, R.J.D.: *An Electron-Microscope study of Preovskite-related Oxides in the Sr-Ti-O System.* Journal of Solid State Chemistry, 21(4):293–301, 1977.

[177] CHEN, Y.L. S.F. YANG: *PTCR effect in donor doped barium titanate: review of compositions, microstructures, processing and properties*. Advances in Applied Ceramics, 110(5):257–269, 2011.

[178] LEE, J.K., J.S. PARK, K.S. HONG, K.H. KO B.C. LEE: *Role of liquid phase in PTCR characteristics of $(Ba_{0.7}Sr_{0.3})TiO_3$ ceramics*. Journal of the American Ceramic Society, 85(5):1173–1179, 2002.

[179] DILLON, S.J. M.P. HARMER: *Mechanism of solid-state single-crystal conversion in alumina*. Journal of the American Ceramic Society, 90(3):993–995, 2007.

[180] SCOTT, C, M KALISZEWSKI, C GRESKOVICH L LEVINSON: *Conversion of polycrystalline AI_2O_3 into single-crystal sapphire by abnormal grain growth*. Journal of the American Ceramic Society, 85(5):1275–1280, 2002.

[181] YAMAMOTO, T. T. SAKUMA: *Fabrication of barium-titanate single-crystals by solid-state grain-growth*. Journal of the American Ceramic Society, 77(4):1107–1109, 1994.

[182] YOO, Y.S., M.K. KANG, J.H. HAN, H. KIM D.Y. KIM: *Fabrication of $BaTiO_3$ single crystals by using the exaggerated grain growth method*. Journal of the European Ceramic Society, 17(14):1725–1727, 1997.

[183] ARDELL, A.J.: *The effect of volume fraction on particle coarsening: Theoretical Considerations*. Acta Metallurgica, 20:61–71, 1972.

[184] SALMANG, HERMANN [BEGR.] ; SCHOLZE, HORST [BEGR.] ; TELLE RAINER [HRSG.]: *Keramik : mit 132 Tabellen*. Springer, Berlin, 7., vollständig neubearb. und erw. Aufl. , 2007.

[185] WEYGAND, D., Y. BRECHET J. LEPINOUX: *Influence of a reduced mobility of triple points on grain growth in two dimensions*. Acta Materialia, 46(18):6559–6564, 1998.

[186] YOON, B.-K., B.A. LEE S.-J.L. KANG: *Growth behavior of rounded (Ti,W)C and faceted WC grains in a Co matrix during liquid phase sintering*. Acta Materialia, 53:4677–4685, 2005.

[187] JUNG, Y.I., S.Y. CHOI S.-J.L. KANG: *Grain-growth behavior during stepwise sintering of barium titanate in hydrogen gas and air*. Journal of the American Ceramic Society, 86(12):2228–2230, 2003.

[188] SYHA, M. D. WEYGAND: *A generalized vertex dynamics model for grain growth in three dimensions*. Modelling and Simulation in Materials Science and Engineering, 18:015010 (19pp), 2010.

[189] BÄURER, MICHEAL. persönliche Mitteilung, 2013.

[190] HOWE, J.M. H. SAKA: *In situ transmission electron microscopy studies of the solid-liquid interface*. MRS Bulletin, 29(12):951–957, 2004.

[191] BÄURER, MICHAEL. persönliche Mitteilung, 2013.

[192] BÄURER, MICHAEL. persönliche Mitteilung, 2013.

[193] FURTKAMP, M., G. GOTTSTEIN, D.A. MOLODOV, V.N. SEMENOV L.S. SHVINDLERMAN: *Grain boundary migration in Fe-3.5% Si bicrystals with [001] tilt boundaries*. Acta Materialia, 46(12):4103–4110, 1998.

[194] FURTKAMP, M. G. GOTTSTEIN: *The shape of the moving grain boundary in the reversed-capillary technique under consideration of the drag effect*. Interface Science, 6(4):277–286, 1998.

[195] FURTKAMP, M., G. GOTTSTEIN, D.A. MOLODOV L.S. SHVINDLERMAN: *Grain boundary migration in Fe-3%Si*. LEJCEK, P. V. PAIDAR: *Intergranular and Interphase Boundaries in Materials, IIB98*, 294-296 *Materials Science Forum*, 501–504. Trans Tech Publications Ltd., 1999. Proceedings of the 9th International Conference on Intergranular and Interphase Boundaries in Materials (IIb98), held in Prague, Czech Republic, July 1998.

Anhang

Anhang A   Stereografische Projektion der Oberflächenenergie

Um die Verwendung der gemessenen Oberflächenenergien (Abschnitt 4.1) für folgende Arbeiten zu ermöglichen, werden diese in den folgenden Abschnitten alternativ dargestellt. Zum einen wurde eine stereografische Projektion der Wulff-Form durchgeführt, die Oberflächenenergie ist jeweils farblich kodiert. Eine solche Darstellung ist in Abbildung A-1 a beispielhaft abgebildet. Die Buchstaben A, B und C markieren die Orientierungen [100], [111] und [110]. Ein Einheitsdreieck ist rot hervorgehoben, jedes andere Dreieck ist mit diesem gleichwertig.

In einer zweiten Darstellung wird die relative Oberflächenenergie entlang dieses Einheitsdreiecks wiedergegeben (Abbildung A-1 b). Die Orientierungen [100], [110] und [111] sind durch senkrechte Linien markiert. Alle Darstellungen in den nächsten beiden Abschnitten folgen diesem Schema, daher wird im Folgenden auf eine Beschreibung verzichtet.

Die hier veröffentlichten Daten können beispielsweise im Rahmen einer Kornwachstumssimulation genutzt werden, um die Anisotropie des Systems zu beschreiben. Aus der dargestellten Oberflächenenergie kann die Korngrenzenenergie nach dem in Absatz 2.2.3 beschriebenen Verfahren berechnet werden.

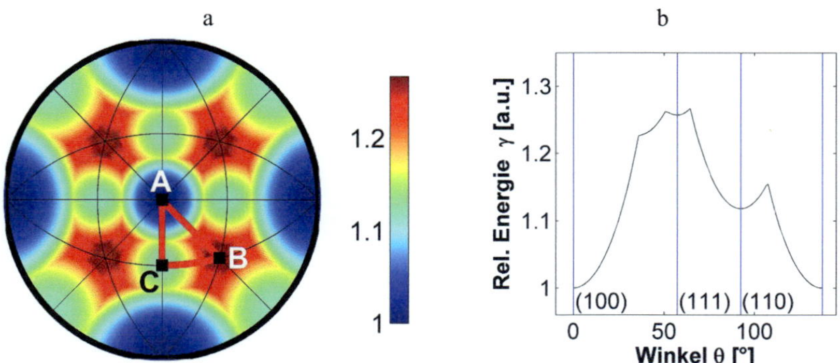

Abbildung A-1: a stereografische Projektion einer Wulff-Form beziehungsweise der relativen Oberflächenenergie. Die Punkte A, B und C markieren die Orientierungen [100], [111], und [110]. Die roten Linien markieren ein Einheitsdreieck, jedes andere Dreieck dieser Projektion ist mit diesem gleichwertig. b relative Oberflächenenergie entlang dieses Einheitsdreiecks, die drei Orientierungen [100], [110] und [111] sind durch senkrechte Linien markiert.

A-I   Oberflächenenergie in oxidierender Atmosphäre

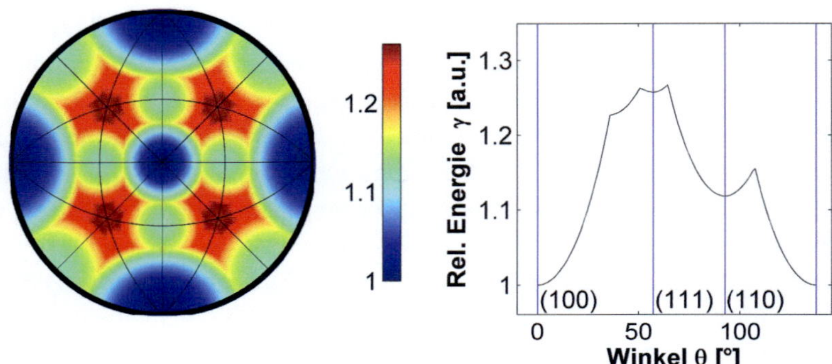

Abbildung A-2: stereografische Projektion und Darstellung entlang des Einheitsdreiecks der relativen Oberflächenenergie bei 1250 °C in Sauerstoff.

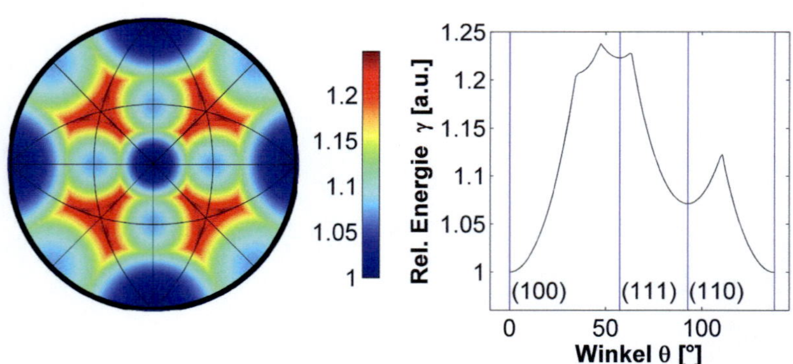

Abbildung A-3: stereografische Projektion und Darstellung entlang des Einheitsdreiecks der relativen Oberflächenenergie bei 1350 °C in Sauerstoff.

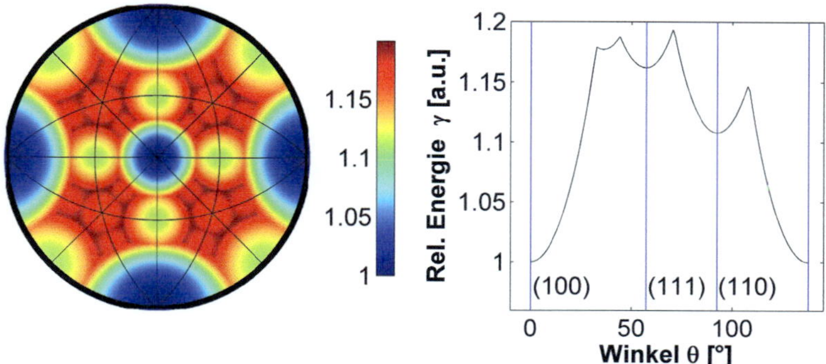

Abbildung A-4: stereografische Projektion und Darstellung entlang des Einheitsdreiecks der relativen Oberflächenenergie bei 1380 °C in Sauerstoff.

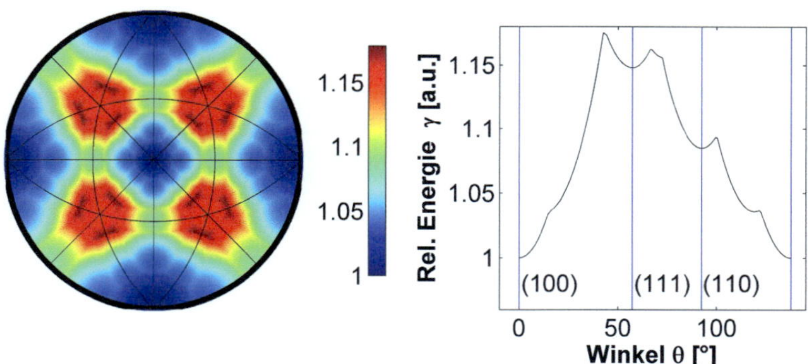

Abbildung A-5: stereografische Projektion und Darstellung entlang des Einheitsdreiecks der relativen Oberflächenenergie bei 1460 °C in Sauerstoff.

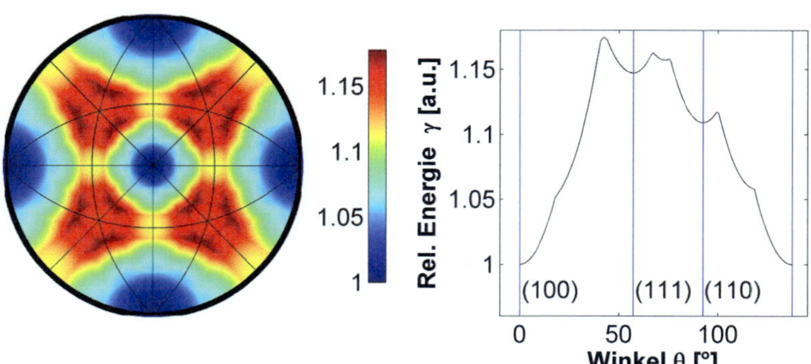

Abbildung A-6: stereografische Projektion und Darstellung entlang des Einheitsdreiecks der relativen Oberflächenenergie bei 1600 °C in Sauerstoff.

A-II Oberflächenenergie in reduzierender Atmosphäre

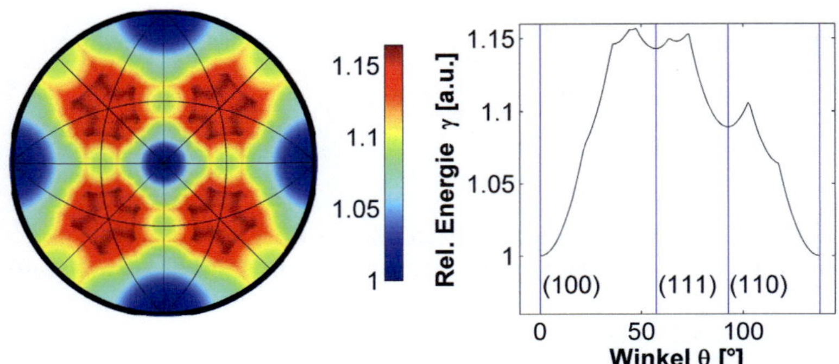

Abbildung A-7: stereografische Projektion und Darstellung entlang des Einheitsdreiecks der relativen Oberflächenenergie bei 1350 °C in N_2-H_2.

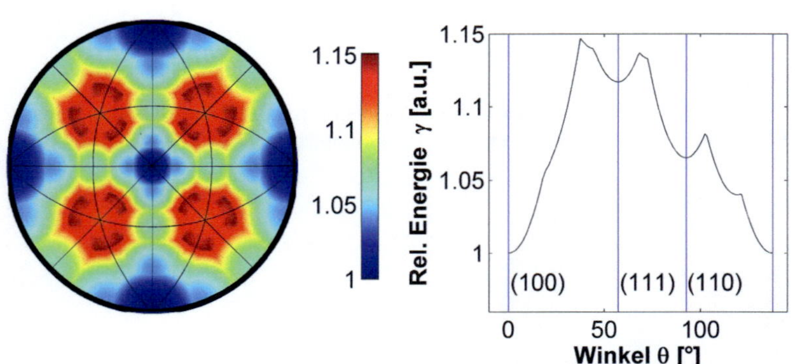

Abbildung A-8: stereografische Projektion und Darstellung entlang des Einheitsdreiecks der relativen Oberflächenenergie bei 1380 °C in N_2-H_2.

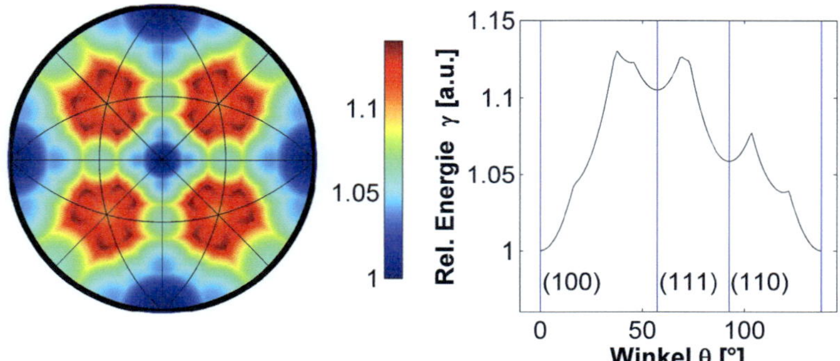

Abbildung A-9: stereografische Projektion und Darstellung entlang des Einheitsdreiecks der relativen Oberflächenenergie bei 1460 °C in N_2-H_2.

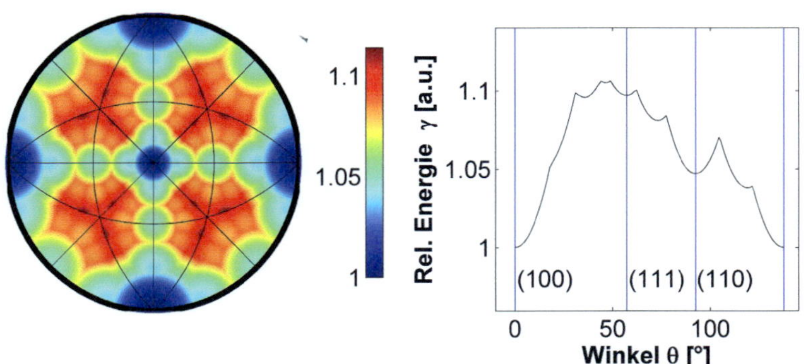

Abbildung A-10: stereografische Projektion und Darstellung entlang des Einheitsdreiecks der relativen Oberflächenenergie bei 1600 °C in N_2-H_2.

A-III Vergleich der relativen Oberflächenenergie mit Literaturdaten

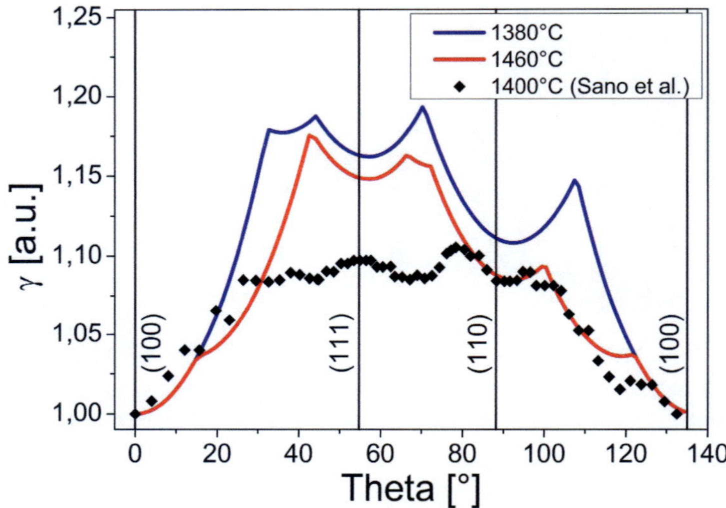

Abbildung A-11: relative Oberflächenenergie in oxidierender Atmosphäre entlang des Einheitsdreiecks [100], [111] und [110] bei 1380 °C und bei 1460 °C im Vergleich mit den Daten von Sano et al. [41].

Anhang B Herstellung eines SrTiO$_3$-Bikristalls

In der vorliegenden Arbeit wurde ein Modellversuch durchgeführt, welcher die Ermittlung der relativen Korngrenzmobilität einer Korngrenze zwischen einem Einkristall und einer polykristallinen Matrix ermöglicht (vgl. Abschnitt 3.5). Dabei ist allerdings nur die Betrachtung der Orientierung einer Seite der Korngrenze möglich, die Orientierung der zweiten ergibt sich zufällig durch die Verwendung einer polykristallinen Matrix. Soll die zweite Orientierung zusätzlich berücksichtigt und damit eine bestimmte Korngrenzkonfiguration untersucht werden, so bietet sich die Verwendung von Bikristallen mit ebendieser Korngrenzkonfiguration an. Wie in Abschnitt 2.3.4 zusammengefasst, wurde diese Technik bisher ausschließlich bei Metallen angewendet, bei denen die Herstellung der Probengeometrie wesentlich einfacher ist als bei Keramiken.

Im Rahmen der vorliegenden Arbeit wurde ein Vorversuch durchgeführt, um die prinzipielle Anwendbarkeit dieser Technik bei SrTiO$_3$ zu belegen. Zu diesem Zweck wurden zwei Einkristalle mit optisch spiegelnden Oberflächen aufeinandergelegt und in einer Heißpresse zusammengesintert (Abbildung B-1 a). Die Details dieses Verfahrens gleichen denen in Abschnitt 3.5.1. Als Oberflächenorientierungen wurden willkürlich (111) für Einkristall 1 und (310) für Einkristall 2 ausgewählt, die Missorientierung wurde nicht präzise bestimmt.

Nach dem Zusammensintern wurde der Bikristall seitlich um 15° gekippt in Kunstharz eingebettet und entlang der roten Linie in Abbildung B-1 a angeschliffen. Abweichend von den in Abschnitt 3.3 angeführten Prozessparametern wurde für den Grobschliff SiC-Schleifpapier der Körnung 800 und 1200 verwendet. Anschließend wurden ausschließlich Poliertücher in Verbindung mit Diamantsuspensionen (Partikelgrößen 15 µm, 6 µm, 3 µm, 1 µm, 0,25 µm, Diamantsuspension polykristallin auf Wasserbasis, ATM GmbH, Deutschland). Die Probe wurde stets mit minimalem Anpressdruck von Hand geführt. Auf diese Weise konnte eine Zerstörung der Tripellinie durch Ausbrüche verhindert werden.

Abbildung B-1 b zeigt eine lichtmikroskopische Aufnahme des angeschliffenen Bikristalls, ein Vergleich mit der Skizze in Abbildung B-1 c lässt die Lage der Grenzfläche erkennen. Dieser Bikristall wurde einer Wärmebehandlung unterzogen (1600 °C, 10 h, Luft, Kammerofen 1700, Nabertherm) und anschließend im REM betrachtet. Der in Abbildung B-1 c rot markierte Bereich des Bikristalls nach der Wärmebehandlung ist in Abbildung B-1 d zu sehen, deutlich ist die Wanderung des Tripelpunkts zu erkennen.

Die Triebkraft für die Bewegung der Grenzfläche in dieser Probengeometrie ist in Abbildung B-1 e skizziert. Die Resultierende aus der Oberflächenenergie γ_1 und γ_2 sowie der Korngrenzenergie $\gamma_{1,2}$ führt zu der beobachteten Bewegung der Grenzfläche in Richtung des roten Pfeils. Eine analytische Betrachtung dieser Situation findet sich in der Literatur [150, 193-195].

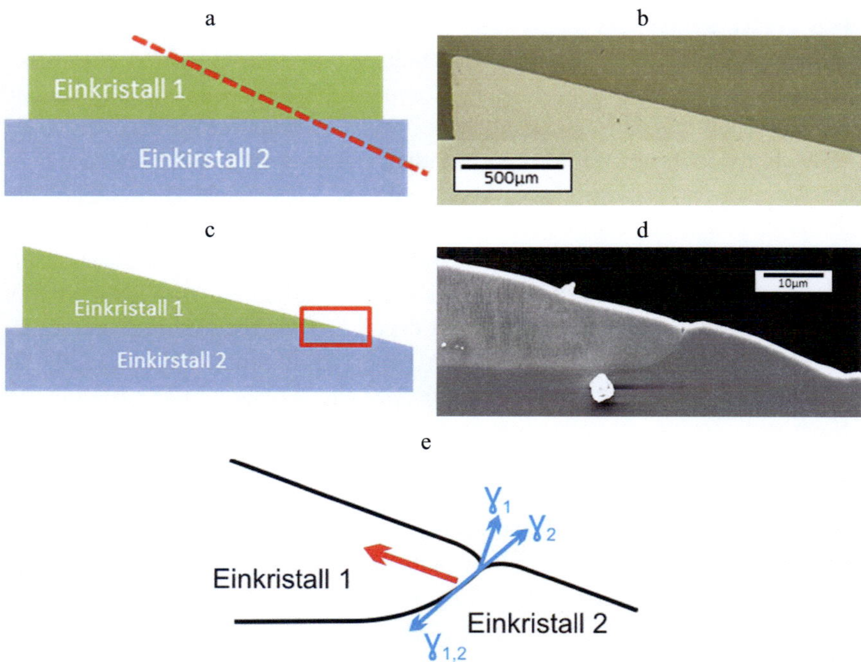

Abbildung B-1: a Methode zur Herstellung eines Bikristalls aus SrTiO$_3$ für Kornwachstumsexperimente. b lichtmikroskopische Aufnahme des SrTiO$_3$-Bikristalls, c schematische Darstellung der gleichen Probe. Der rot markierte Bereich der Probe wurde nach einer Wärmebehandlung (1600 °C, 10 h, Luft) im Rasterelektronenmikroskop betrachtet (d). e schematische Darstellung der Grenzflächen eines Bikristalls. Die Oberflächen- und Korngrenzenergie ist jeweils durch einen blauen Pfeil dargestellt, die resultierende daraus führt zu einer Bewegung des Tripelpunkts in Richtung des roten Pfeils.

Anhang C   Symbolverzeichnis

a	Radius eines Zweitphasenpartikels
α	geometrische Konstante
α_T	Transportkonstante
β	geometrische Konstante
C	Konzentration
D	Diffusionskoeffizient
E	Energie
F	Kraft
f	Volumenanteil der Partikel
ε	geometrische Konstante
η	Wulff-Konstante
γ	Oberflächenenergie
Γ	relative Korngrenzenergie γ_A/γ
H	Normalabstand
k	Wachstumsfaktor
λ	Geometrische Konstante
k_B	Boltzmann-Konstante
m	Korngrenzmobilität
$N_A,\ N_V$	Spezifische Anzahl (bezogen auf eine Fläche A oder ein Volumen V)
Ω	atomares Volumen
ω	Konstante
P	Triebkraft (bezogen auf die Korngrenzfläche)
$R,\ r_i$	Partikel- oder Kornradius
$\bar{R}$	mittlerer Kornradius
R_m	universelle Gaskonstante
ρ	Krümmungsradius
T	Temperatur
t	Zeit
τ	Konstante
v_{kg}	Geschwindigkeit einer Korngrenze

Schriftenreihe
des Instituts für Angewandte Materialien

ISSN 2192-9963

Die Bände sind unter www.ksp.kit.edu als PDF frei verfügbar oder
als Druckausgabe bestellbar.

Band 1   Prachai Norajitra
          Divertor Development for a Future Fusion Power Plant. 2011
          ISBN 978-3-86644-738-7

Band 2   Jürgen Prokop
          **Entwicklung von Spritzgießsonderverfahren zur Herstellung
          von Mikrobauteilen durch galvanische Replikation.** 2011
          ISBN 978-3-86644-755-4

Band 3   Theo Fett
          **New contributions to R-curves and bridging stresses –
          Applications of weight functions.** 2012
          ISBN 978-3-86644-836-0

Band 4   Jérôme Acker
          **Einfluss des Alkali/Niob-Verhältnisses und der Kupferdotierung
          auf das Sinterverhalten, die Strukturbildung und die Mikro-
          struktur von bleifreier Piezokeramik $(K_{0,5}Na_{0,5})NbO_3$.** 2012
          ISBN 978-3-86644-867-4

Band 5   Holger Schwaab
          **Nichtlineare Modellierung von Ferroelektrika unter
          Berücksichtigung der elektrischen Leitfähigkeit.** 2012
          ISBN 978-3-86644-869-8

Band 6   Christian Dethloff
          **Modeling of Helium Bubble Nucleation and Growth
          in Neutron Irradiated RAFM Steels.** 2012
          ISBN 978-3-86644-901-5

Band 7   Jens Reiser
          **Duktilisierung von Wolfram. Synthese, Analyse und Charak-
          terisierung von Wolframlaminaten aus Wolframfolie.** 2012
          ISBN 978-3-86644-902-2

Band 8   Andreas Sedlmayr
          **Experimental Investigations of Deformation Pathways
          in Nanowires.** 2012
          ISBN 978-3-86644-905-3